本書の特色と使い方

JN094430

本書で教科書の内容ががっちり学べます

教科書の内容が十分に身につくよう，各社の教科書を徹底研究して作成しました。
学校での学習進度に合わせて，ご活用ください。予習・復習にも最適です。

本書をコピー・印刷して教科書の内容をくりかえし練習できます

計算問題は，5までのけいさん，10までのけいさん，くりあがり・くりさがりのあるけいさんと，
段階を追って出題しているので，学校での学習をくりかえし練習できます。
学校の先生方はコピーや印刷をして使えます。（本書 P128 をご確認ください）

学ぶ楽しさが広がり勉強がすきになります

計算問題は，めいろなどを取り入れ，楽しんで学習できるよう工夫しました。
楽しく学んでいるうちに，勉強がすきになります。

「ふりかえりテスト」で力だめしができます

「練習のページ」が終わったあと，「ふりかえりテスト」をやってみましょう。
「ふりかえりテスト」でできなかったところは，もう一度「練習のページ」を復習すると，
力がぐんぐんついてきます。

完全マスター編1年　目次

5までの　かず（1）

なかまあつめ

なまえ

● なかまの　かずだけ　◯に　いろを　ぬりましょう。□に　かずを　かきましょう。

2

5までの　かず (2)

なまえ

● えの　かずだけ　◯に　いろを　ぬりましょう。
　すうじを　かきましょう。

①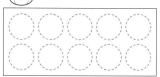
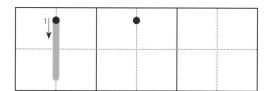

②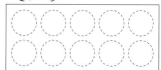
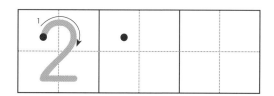

③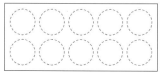
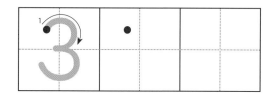

④
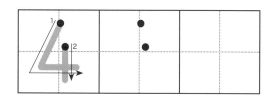

⑤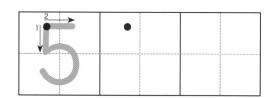

5までの　かず (3)

なまえ

● すうじの　かずだけ　えに　いろを　ぬりましょう。

3

1 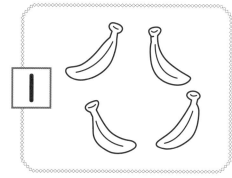　3

5 　4

2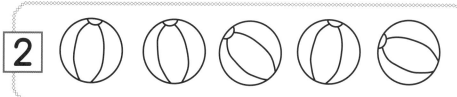

5までの　かず（4）

● えの　かずの　すうじを　かきましょう。

①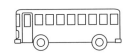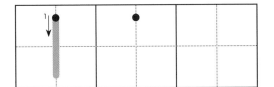

②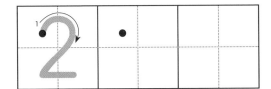

③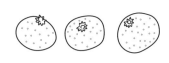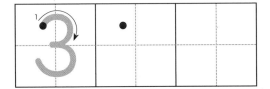

④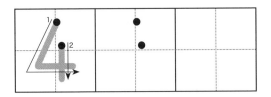

⑤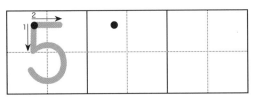

5までの　かず（5）

● すうじを　かきましょう。

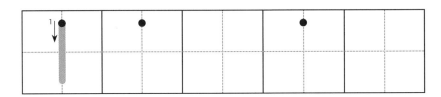

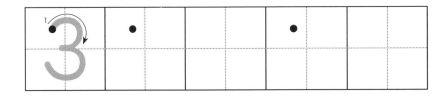

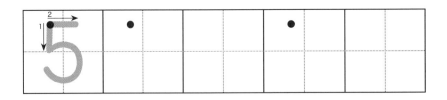

4

10までの　かず（1）

なかまあつめ

● なかまの　かずだけ　◯に　いろを　ぬりましょう。□に　かずを　かきましょう。

10までの　かず（2）

● えの　かずだけ ◌ に　いろを　ぬりましょう。
すうじを　かきましょう。

①
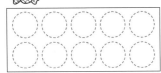

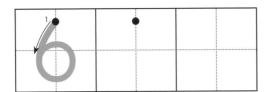

②

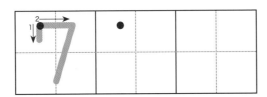

③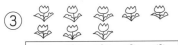
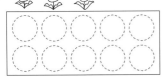

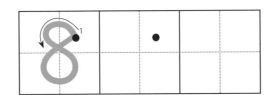

④

⑤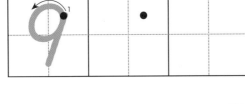

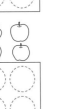
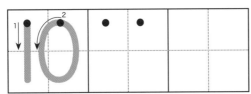

10までの　かず（3）

● えの　かずだけ □ に　かずを　かきましょう。

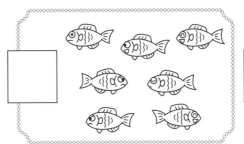

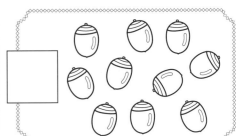

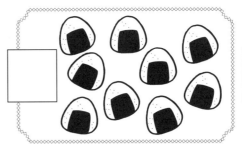

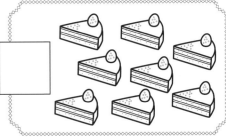

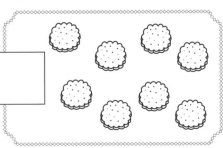

10までの かず（4）

なまえ

● えの かずの すうじを かきましょう。

①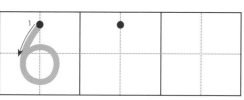

②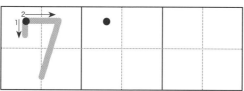

③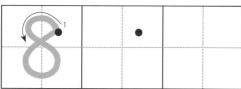

④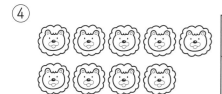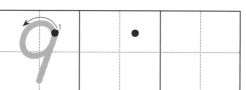

⑤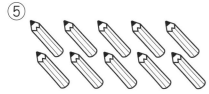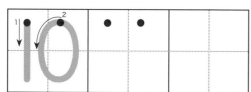

10までの かず（5）

なまえ

● すうじを かきましょう。

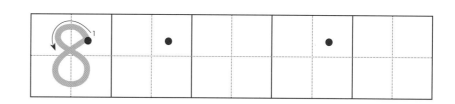

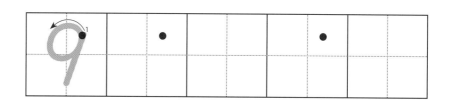

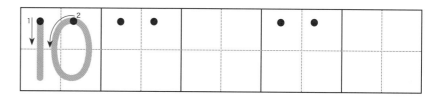

10までの　かず（6）

● せんを　ひいて　くらべましょう。おおい　かずだけ
　えを　◯◯で　かこみましょう。

①

②

③

10までの　かず（7）

● どちらが　おおいでしょう。おおい　ほうの　□に
　◯を　しましょう。

①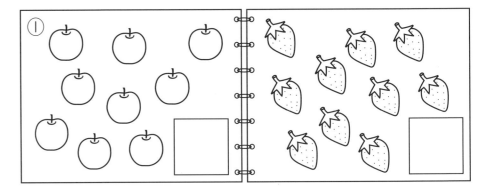

②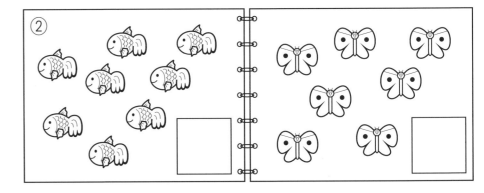

③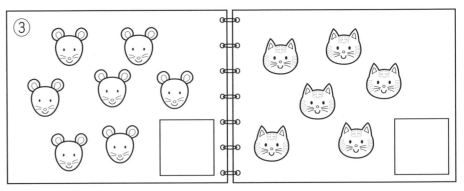

10までの かず (8)

① おおきい ほうに ○を つけましょう。

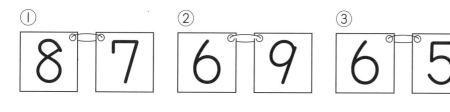

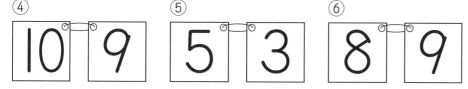

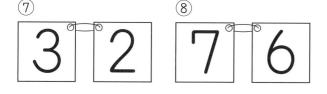

② □に かずを かきましょう。

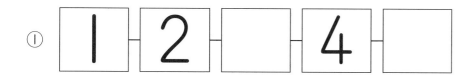

10までの かず (9)

0の かず

① すうじを かきましょう。

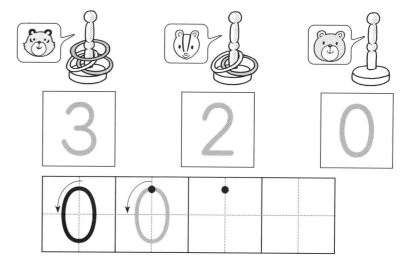

② □に かずを かきましょう。

① きんぎょの かず

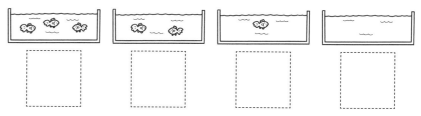

② みかんの かず

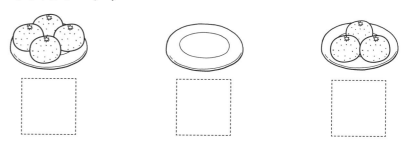

ふりかえりテスト　10までの かず

なまえ ＿＿＿＿＿＿

□1 いくつでしょう。□に かずを かきましょう。(6×5)

①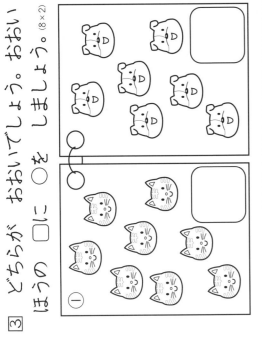
　「 」

②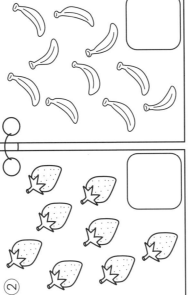
　「 」

③

④

⑤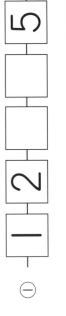

□2 すうじの かずだけ ○に いろを ぬりましょう。(6×3)

① 9
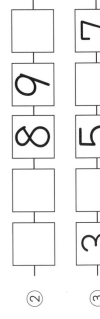

② 6

③ 10

□3 どちらが おおいでしょう。おおい ほうの □に ○を しましょう。(8×2)

①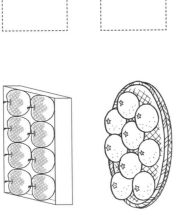

②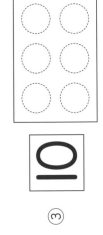

□4 おおきい ほうの かずに ○を つけましょう。(6×3)

① （ 9 ，6 ）

② （ 8 ，10 ）

③ （ 5 ，7 ）

□5 □に あてはまる かずを かきましょう。(6×3)

① □ 1 2 □ □ 5

② □ □ 8 9 □ □

③ 3 □ 5 □ 7

10

なんばんめ（1）

なまえ

● ◯で かこみましょう。

① まえから 3にんめ

② まえから 6にん

③ うしろから 4にんめ

④ うしろから 5にん

なんばんめ（2）

なまえ

● ◯で かこみましょう。

① みぎから 5ばんめ

② ひだりから 7ばんめ

③ うえから 4ばんめ　　④ したから 3ばんめ

なんばんめ（3）

● なんばんめでしょう。 □に すうじを かきましょう。

① は まえから □ ばんめ　⑤ 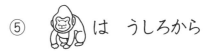は うしろから □ ばんめ

② 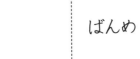は まえから □ ばんめ　⑥ 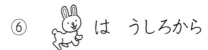は うしろから □ ばんめ

③ 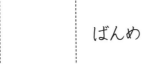は まえから □ ばんめ　⑦ 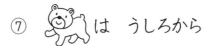は うしろから □ ばんめ

④ 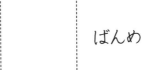は まえから □ ばんめ　⑧ 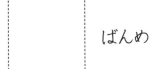は うしろから □ ばんめ

いくつと いくつ (1)

5は いくつと いくつ①

① 🍎に いろを ぬって, ▢に かずを かきましょう。

① 5は | 1 | と | |

② 5は | 2 | と | |

③ 5は | 3 | と | |

④ 5は | 4 | と | |

② ▢に かずを かきましょう。

① 5は | 2 | と | | ② 5は | 4 | と | |

③ 5は | 3 | と | | ④ 5は | 1 | と | |

いくつと いくつ (2)

5は いくつと いくつ②

● 5は いくつと いくつでしょう。○に いろを ぬって, ▢に かずを 書きましょう。

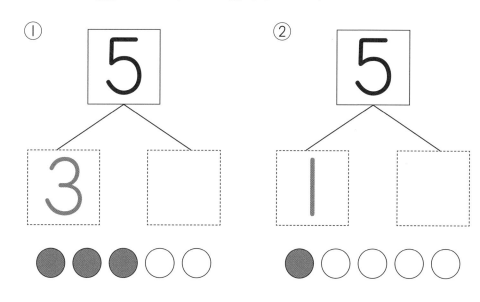

① 5 → 3 と ▢
② 5 → 1 と ▢

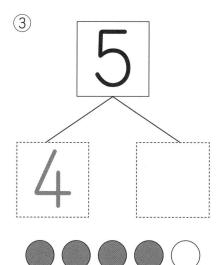

③ 5 → 4 と ▢
④ 5 → 2 と ▢

13

いくつと いくつ (3)
6は いくつと いくつ

なまえ _____

① 6は いくつと いくつでしょう。○に いろを
ぬって, □に あてはまる かずを かきましょう。

① ● ○ ○ ○ ○ ○ | 1 | と | 5 |

② ● ● ● ● ○ ○ | | と | |

③ ● ● ● ○ ○ ○ | | と | |

④ ● ● ● ● ● ○ | | と | |

⑤ ● ● ○ ○ ○ ○ | | と | |

② ○に あう かずを かきましょう。

① 6 → 2 , ◯
② 6 → ◯ , 3
③ 6 → 5 , ◯
④ 6 → 1 , ◯
⑤ 6 → 4 , ◯

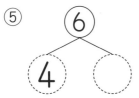

いくつと いくつ (4)
7は いくつと いくつ

なまえ _____

① 7は いくつと いくつでしょう。○に いろを
ぬって, □に あてはまる かずを かきましょう。

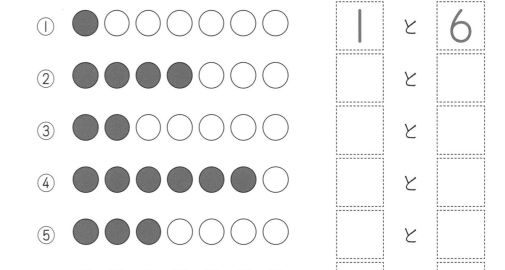

① ● ○ ○ ○ ○ ○ ○   1 と 6
② ● ● ● ● ○ ○ ○   と
③ ● ● ○ ○ ○ ○ ○   と
④ ● ● ● ● ● ● ○   と
⑤ ● ● ● ○ ○ ○ ○   と
⑥ ● ● ● ● ● ○ ○   と

② ○に あう かずを かきましょう。

① 7 → 5 , ◯
② 7 → ◯ , 3
③ 7 → ◯ , 1
④ 7 → ◯ , 4

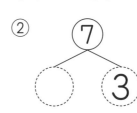

⑤ 7 → ◯ , 6

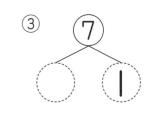

⑥ 7 → 2 , ◯

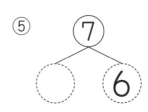

いくつと いくつ (5)

8は いくつと いくつ

なまえ_____

□ 8は いくつと いくつでしょう。○に いろを
ぬって, □に あてはまる かずを かきましょう。

①
②
③
④
⑤
⑥
⑦

② ○に あう かずを かきましょう。

① 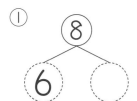 ② 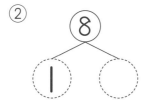 ③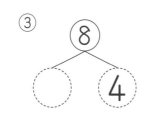

いくつと いくつ (6)

9は いくつと いくつ

なまえ_____

□ 9は いくつと いくつでしょう。○に いろを
ぬって, □に あてはまる かずを かきましょう。

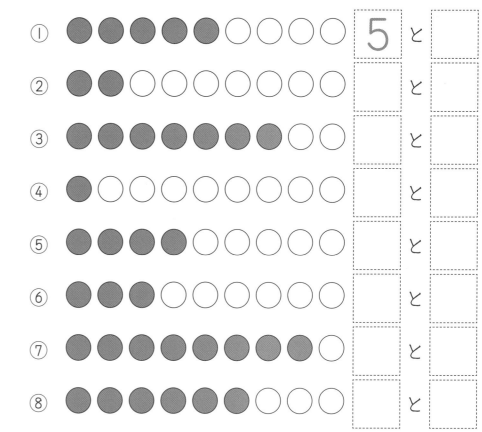

② ○に あう かずを かきましょう。

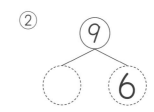

□ 10は いくつと いくつでしょう。○に いろを
ぬって，□に あてはまる かずを かきましょう。

① ●●●○○○○○○○　[3] と [　]

② ●●●●●●●●○○　[　] と [　]

③ ●●●●●○○○○○　[　] と [　]

④ ●●●●●●●○○○　[　] と [　]

⑤ ●●○○○○○○○○　[　] と [　]

⑥ ●●●●●●●●●○　[　] と [　]

⑦ ●●●●○○○○○○　[　] と [　]

⑧ ●○○○○○○○○○　[　] と [　]

⑨ ●●●●●●○○○○　[　] と [　]

● ○に あう かずを かきましょう。

①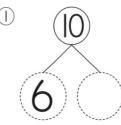

②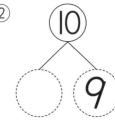

③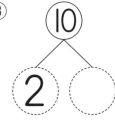

④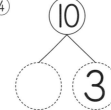

⑤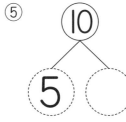

⑥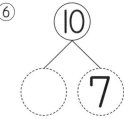

⑦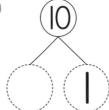

⑧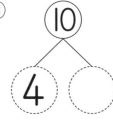

⑨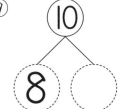

いくつと　いくつ (9)
なまえ

● ◯に　あう　かずを　かきましょう。

① 5 / 4 ◯

② 8 / ◯ 5

③ 9 / 2 ◯

④ 7 / ◯ 3

⑤ 10 / 2 ◯

⑥ 6 / 4 ◯

⑦ 9 / 3 ◯

⑧ 7 / 5 ◯

⑨ 5 / ◯ 3

⑩ 10 / ◯ 9

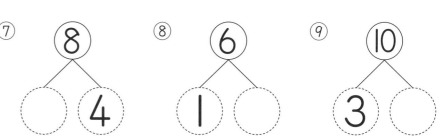

いくつと　いくつ (10)
なまえ

● ◯に　あう　かずを　かきましょう。

① 8 / 6 ◯

② 10 / ◯ 4

③ 5 / 2 ◯

④ 6 / ◯ 3

⑤ 7 / 6 ◯

⑥ 9 / ◯ 5

⑦ 8 / ◯ 4

⑧ 6 / 1 ◯

⑨ 10 / 3 ◯

⑩ 10 / 5 ◯

5までの たしざん（1）　なまえ

①  $2 + 1 =$ ☐

②  $3 + 2 =$ ☐

③ 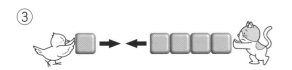 $1 + 4 =$ ☐

④  $4 + 1 =$ ☐

⑤  $3 + 1 =$ ☐

⑥  $2 + 2 =$ ☐

⑦ 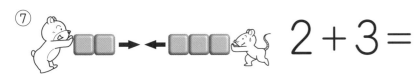 $2 + 3 =$ ☐

⑧ 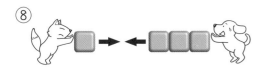 $1 + 3 =$ ☐

5までの たしざん（2）　なまえ

① $3 + 1 =$　　② $2 + 1 =$

③ $2 + 3 =$　　④ $1 + 1 =$

⑤ $1 + 4 =$　　⑥ $2 + 2 =$

⑦ $2 + 1 =$　　⑧ $3 + 2 =$

⑨ $1 + 3 =$　　⑩ $4 + 1 =$

⑪ $3 + 2 =$　　⑫ $1 + 2 =$

⑬ $1 + 2 =$　　⑭ $3 + 1 =$

めいろは，こたえの おおきい ほうを とおりましょう。とおった こたえを したの ☐に かきましょう。

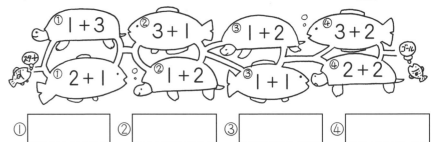

① ☐　② ☐　③ ☐　④ ☐

5までの たしざん（3）　なまえ

① $1+3=$ 　　② $2+2=$

③ $2+3=$ 　　④ $4+1=$

⑤ $2+1=$ 　　⑥ $3+1=$

⑦ $1+1=$ 　　⑧ $2+3=$

⑨ $4+1=$ 　　⑩ $1+2=$

⑪ $3+1=$ 　　⑫ $3+2=$

⑬ $2+2=$ 　　⑭ $1+4=$

めいろは，こたえの　おおきい　ほうを　とおりましょう。とおった　こたえを　したの　□に　かきましょう。

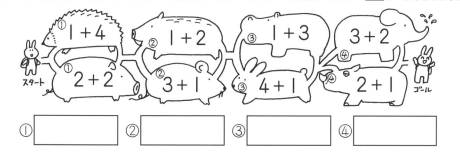

① □　② □　③ □　④ □

5までの たしざん（4）　なまえ

① $3+2=$ 　　② $3+1=$

③ $4+1=$ 　　④ $1+2=$

⑤ $1+3=$ 　　⑥ $2+3=$

⑦ $2+2=$ 　　⑧ $2+1=$

⑨ $1+2=$ 　　⑩ $3+2=$

⑪ $1+1=$ 　　⑫ $1+4=$

⑬ $2+3=$ 　　⑭ $3+1=$

めいろは，こたえの　おおきい　ほうを　とおりましょう。とおった　こたえを　したの　□に　かきましょう。

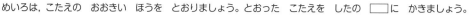

① □　② □　③ □　④ □

19

10までの たしざん (1)

なまえ

①  $5 + 1 =$

② $5 + 2 =$

③ $5 + 3 =$

④ 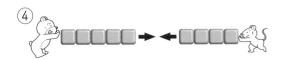 $5 + 4 =$

⑤ 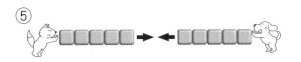 $5 + 5 =$

⑥  $6 + 1 =$

⑦ $6 + 2 =$

⑧ $6 + 3 =$

⑨ $6 + 4 =$

10までの たしざん (2)

なまえ

① $7 + 1 =$

② $7 + 2 =$

③ $7 + 3 =$

④ 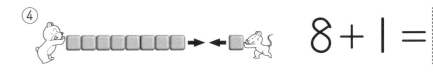 $8 + 1 =$

⑤ $8 + 2 =$

⑥ $9 + 1 =$

10までの　たしざん (3)

① 6 + 2 =　　② 2 + 5 =

③ 1 + 6 =　　④ 4 + 4 =

⑤ 7 + 2 =　　⑥ 2 + 4 =

⑦ 4 + 5 =　　⑧ 3 + 3 =

⑨ 2 + 6 =　　⑩ 1 + 8 =

⑪ 3 + 4 =　　⑫ 9 + 1 =

⑬ 7 + 3 =　　⑭ 5 + 3 =

めいろは，こたえの　おおきい　ほうを　とおりましょう。とおった　こたえを　したの　□に　かきましょう。

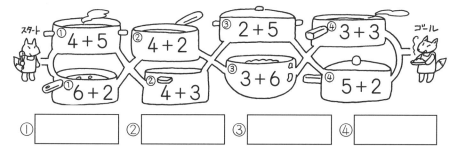

①□　②□　③□　④□

10までの　たしざん (4)

① 5 + 4 =　　② 2 + 8 =

③ 8 + 1 =　　④ 6 + 2 =

⑤ 4 + 6 =　　⑥ 1 + 7 =

⑦ 5 + 2 =　　⑧ 4 + 2 =

⑨ 5 + 1 =　　⑩ 4 + 3 =

⑪ 1 + 5 =　　⑫ 3 + 5 =

⑬ 7 + 1 =　　⑭ 3 + 6 =

めいろは，こたえの　おおきい　ほうを　とおりましょう。とおった　こたえを　したの　□に　かきましょう。

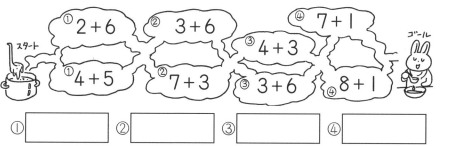

①□　②□　③□　④□

10までの たしざん (5) なまえ

① $2 + 6 =$

② $4 + 5 =$

③ $8 + 2 =$

④ $5 + 1 =$

⑤ $8 + 1 =$

⑥ $2 + 5 =$

⑦ $4 + 4 =$

⑧ $7 + 3 =$

⑨ $1 + 5 =$

⑩ $4 + 6 =$

⑪ $4 + 3 =$

⑫ $6 + 2 =$

⑬ $3 + 3 =$

⑭ $2 + 7 =$

10までの たしざん (6) なまえ

① $9 + 1 =$

② $5 + 4 =$

③ $6 + 3 =$

④ $7 + 1 =$

⑤ $3 + 7 =$

⑥ $5 + 5 =$

⑦ $7 + 2 =$

⑧ $6 + 1 =$

⑨ $3 + 4 =$

⑩ $4 + 2 =$

⑪ $2 + 8 =$

⑫ $5 + 3 =$

⑬ $2 + 4 =$

⑭ $1 + 6 =$

めいろは, こたえの おおきい ほうを とおりましょう。とおった こたえを したの □ に かきましょう。

めいろは, こたえの おおきい ほうを とおりましょう。とおった こたえを したの □ に かきましょう。

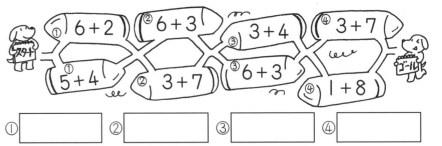

10までの たしざん (7)　なまえ

① 1 + 8 =　② 2 + 4 =

③ 6 + 1 =　④ 3 + 5 =

⑤ 8 + 2 =　⑥ 7 + 2 =

⑦ 3 + 7 =　⑧ 9 + 1 =

⑨ 1 + 7 =　⑩ 3 + 3 =

⑪ 4 + 3 =　⑫ 6 + 4 =

⑬ 3 + 6 =　⑭ 5 + 2 =

めいろは，こたえの おおきい ほうを とおりましょう。とおった こたえを したの □ に かきましょう。

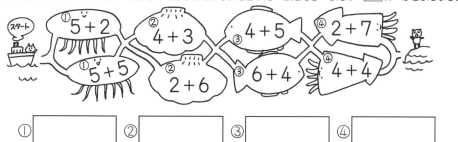

①□　②□　③□　④□

10までの たしざん (8)　なまえ

① 1 + 5 =　② 2 + 7 =

③ 4 + 5 =　④ 5 + 3 =

⑤ 1 + 9 =　⑥ 2 + 8 =

⑦ 7 + 3 =　⑧ 6 + 2 =

⑨ 8 + 1 =　⑩ 5 + 5 =

⑪ 3 + 4 =　⑫ 2 + 6 =

⑬ 5 + 4 =　⑭ 4 + 2 =

めいろは，こたえの おおきい ほうを とおりましょう。とおった こたえを したの □ に かきましょう。

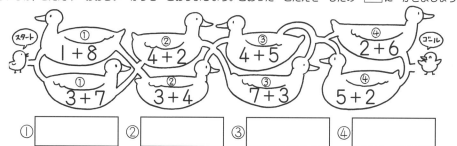

①□　②□　③□　④□

23

● たまいれを　しました。□に
あてはまる　かずを　かきましょう。

1 かいめ

1 + 2 = [　]

2 かいめ

3 + 0 = [　]

3 かいめ

0 + 4 = [　]

4 かいめ

0 + 0 = [　]

① 0+3=　　　② 4+6=

③ 8+0=　　　④ 0+7=

⑤ 0+10=　　⑥ 6+3=

⑦ 0+0=　　　⑧ 7+1=

⑨ 6+0=　　　⑩ 4+5=

⑪ 1+8=　　　⑫ 3+3=

⑬ 4+4=　　　⑭ 9+0=

めいろは，こたえの　おおきい　ほうを　とおりましょう。とおった　こたえを　したの　□に　かきましょう。

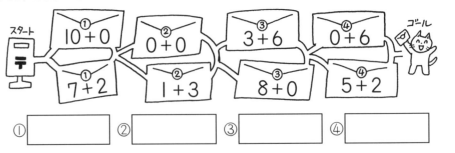

①[　]　②[　]　③[　]　④[　]

24

10までの たしざん (11)
ぶんしょうだい①　<ruby>名前<rt>なまえ</rt></ruby>

① きの うえに とりが 7わ とまって います。
3わ とんで きました。とりは, ぜんぶで なんわに
なりましたか。

しき

こたえ _____

② あかい はなが 4ほん, しろい はなが 5ほん
あります。はなは, あわせて なんぼんですか。

しき

こたえ _____

③ おりがみが 6まい あります。おねえさんから
2まい もらいました。おりがみは, ぜんぶで
なんまいに なりましたか。

しき

こたえ _____

10までの たしざん (12)
ぶんしょうだい②　<ruby>名前<rt>なまえ</rt></ruby>

① りすが きの うえに 5ひき, きの したに 2ひき
います。りすは, あわせて なんびきですか。

しき

こたえ _____

② こどもが 6にん います。そこへ, 3にん きました。
こどもは, みんなで なんにんに なりましたか。

しき

こたえ _____

③ いちごの けえきが 4こ, くりの けえきが 3こ
あります。けえきは, ぜんぶで なんこ ありますか。

しき

こたえ _____

ふりかえりテスト ☀️📻 10までの たしざん

なまえ

① けいさんを しましょう。 (3×24)

① 4+5＝
② 3+3＝
③ 7+2＝
④ 5+2＝
⑤ 6+1＝
⑥ 5+5＝
⑦ 1+8＝
⑧ 4+3＝
⑨ 1+1＝
⑩ 3+1＝
⑪ 7+3＝
⑫ 2+3＝
⑬ 2+5＝
⑭ 3+5＝
⑮ 6+2＝
⑯ 8+2＝
⑰ 4+4＝
⑱ 2+2＝
⑲ 6+4＝
⑳ 7+1＝

㉑ 5+3＝
㉒ 9+1＝
㉓ 6+3＝
㉔ 5+4＝

② えんぴつが 5ほん あります。
おにいさんから 4ほん もらいました。
えんぴつは ぜんぶで なんぼんに
なりましたか。 (9)

しき

こたえ _____

③ ちゅうしゃじょうに くるまが 8だい
とまって います。そこへ くるまが
2だい きました。ぜんぶで なんだいに
なりましたか。 (9)

しき

こたえ _____

④ あかい ふうせんが 3こ、あおい
ふうせんが 5こ あります。ふうせんは
ぜんぶで なんこ ありますか。 (10)

しき

こたえ _____

26

5までの ひきざん（1） なまえ

① $3 - 2 =$ □

② $5 - 3 =$ □

③ $4 - 2 =$ □

④ $5 - 1 =$ □

⑤ $5 - 4 =$ □

⑥ $4 - 1 =$ □

⑦ $5 - 2 =$ □

⑧ $3 - 1 =$ □

⑨ $4 - 3 =$ □

5までの ひきざん（2） なまえ

① $3 - 2 =$

② $5 - 3 =$

③ $4 - 3 =$

④ $5 - 1 =$

⑤ $5 - 2 =$

⑥ $3 - 1 =$

⑦ $2 - 1 =$

⑧ $4 - 2 =$

⑨ $5 - 3 =$

⑩ $5 - 2 =$

⑪ $5 - 1 =$

⑫ $4 - 1 =$

⑬ $4 - 2 =$

⑭ $5 - 4 =$

めいろは，こたえの おおきい ほうを とおりましょう。とおった こたえを したの □ に かきましょう。

① □　② □　③ □　④ □

27

① 3−2＝　　② 5−1＝

③ 5−3＝　　④ 4−3＝

⑤ 4−1＝　　⑥ 3−1＝

⑦ 4−2＝　　⑧ 5−2＝

⑨ 5−4＝　　⑩ 4−1＝

⑪ 3−2＝　　⑫ 5−3＝

⑬ 5−1＝　　⑭ 2−1＝

めいろは，こたえの　おおきい　ほうを　とおりましょう。とおった　こたえを　したの　□に　かきましょう。

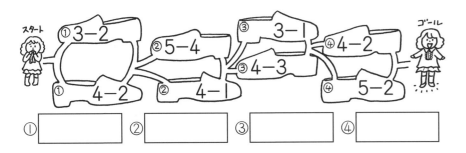

①　　　②　　　③　　　④

① 5−1＝　　② 5−2＝

③ 4−3＝　　④ 3−2＝

⑤ 5−3＝　　⑥ 2−1＝

⑦ 3−1＝　　⑧ 4−2＝

⑨ 5−2＝　　⑩ 5−4＝

⑪ 4−3＝　　⑫ 4−1＝

⑬ 5−4＝　　⑭ 3−1＝

めいろは，こたえの　おおきい　ほうを　とおりましょう。とおった　こたえを　したの　□に　かきましょう。

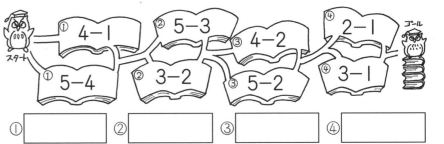

①　　　②　　　③　　　④

10までの ひきざん (1)

なまえ _____

① $6 - 1 =$ [　]

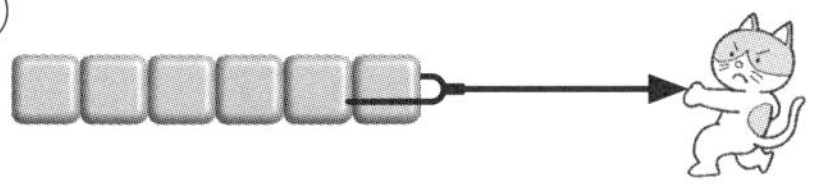

② $6 - 2 =$ [　]

③ $6 - 3 =$ [　]

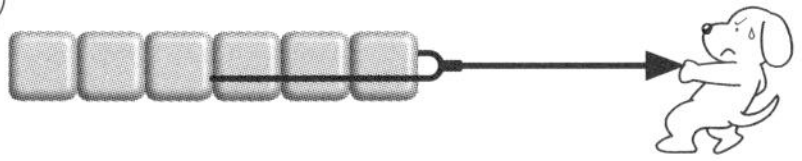

④ $6 - 4 =$ [　]

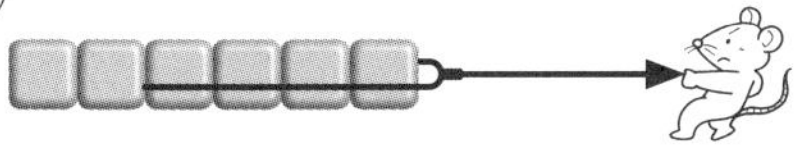

⑤ $6 - 5 =$ [　]

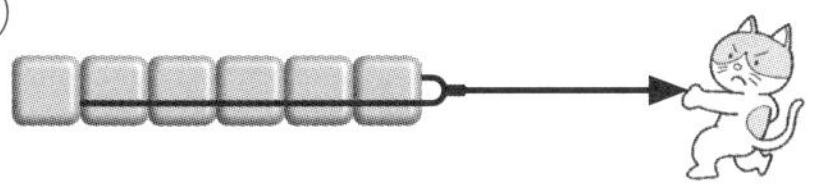

⑥ $7 - 1 =$ [　]

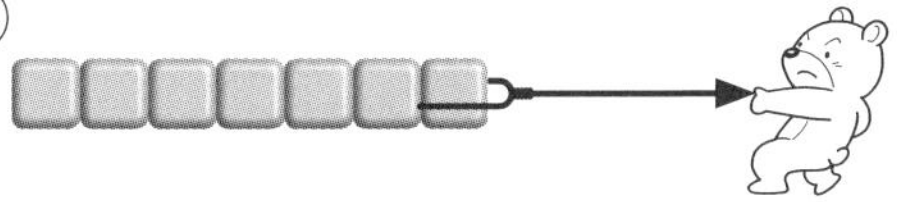

⑦ $7 - 2 =$ [　]

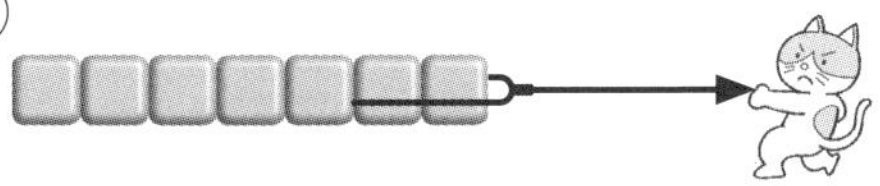

⑧ $7 - 3 =$ [　]

⑨ $7 - 4 =$ [　]

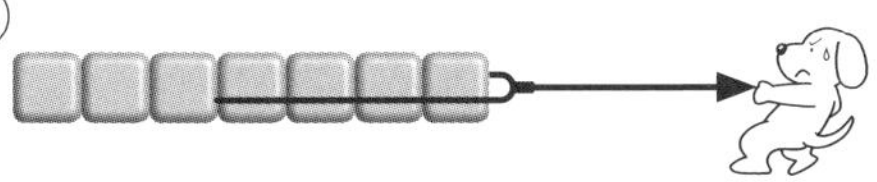

10までの ひきざん (2)

なまえ _____

① $7 - 5 =$ [　]

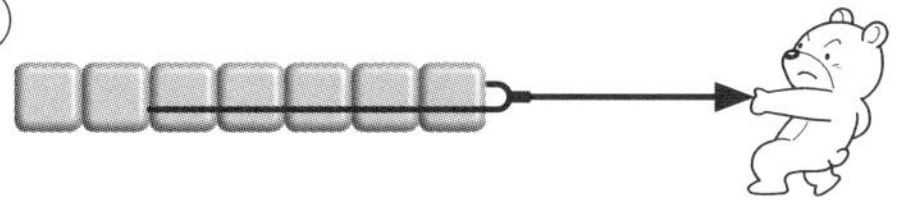

② $7 - 6 =$ [　]

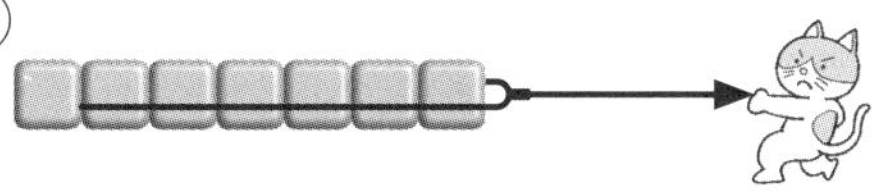

③ $8 - 1 =$ [　]

④ $8 - 2 =$ [　]

⑤ $8 - 3 =$ [　]

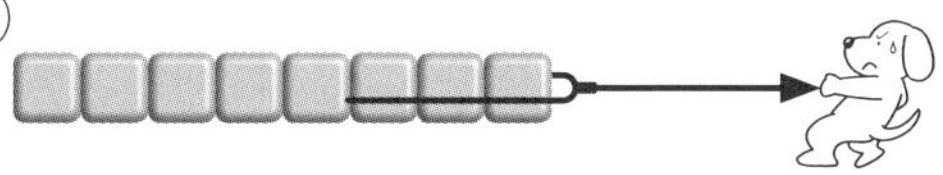

⑥ $8 - 4 =$ [　]

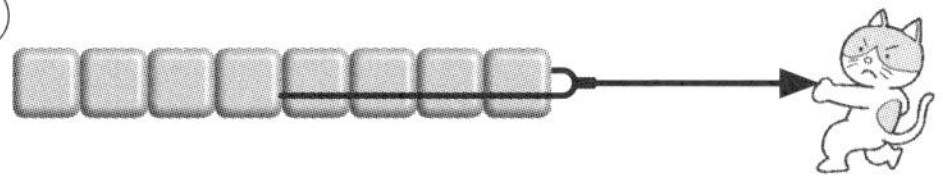

⑦ $8 - 5 =$ [　]

⑧ $8 - 6 =$ [　]

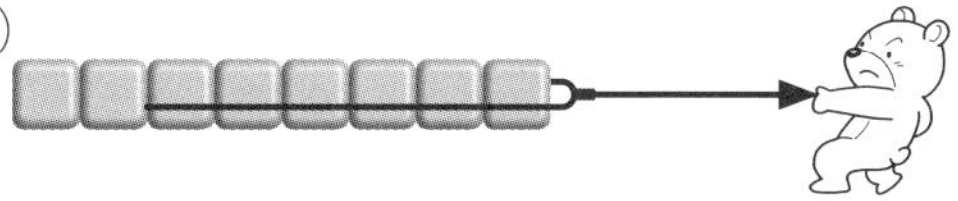

⑨ $8 - 7 =$ [　]

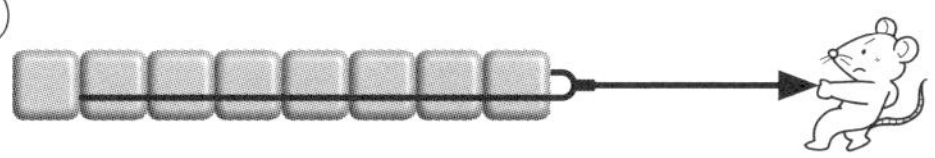

10までの ひきざん (3)

9 −○

なまえ

① $9-1=$

② $9-2=$

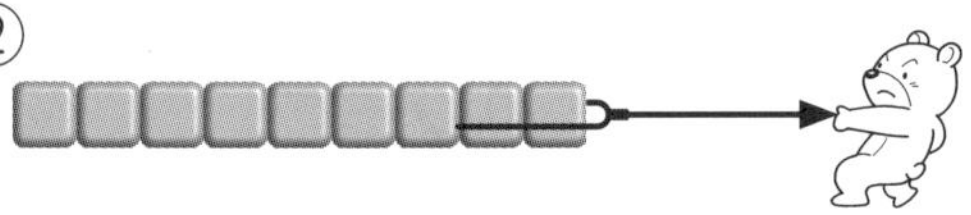

③ $9-3=$

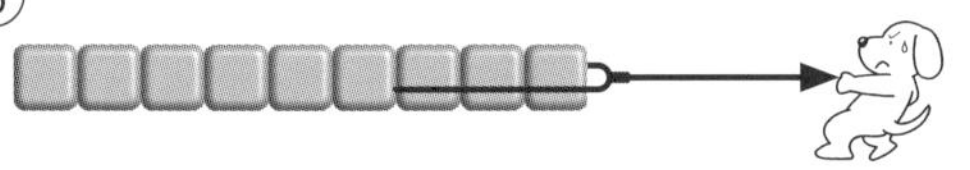

④ $9-4=$

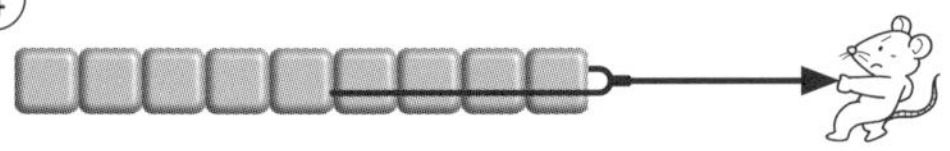

⑤ $9-5=$

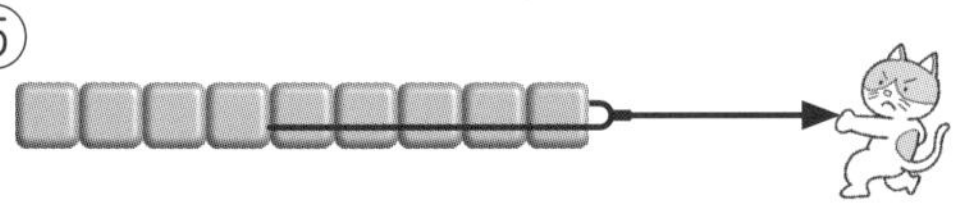

⑥ $9-6=$

⑦ $9-7=$

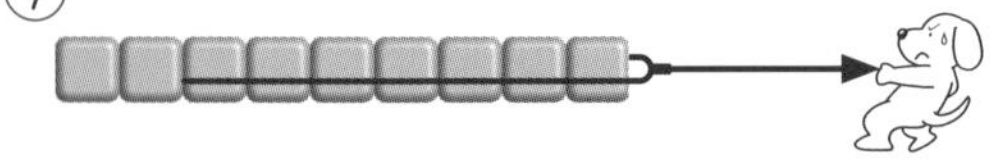

⑧ $9-8=$

10までの ひきざん (4)

10 −○

なまえ

① $10-1=$

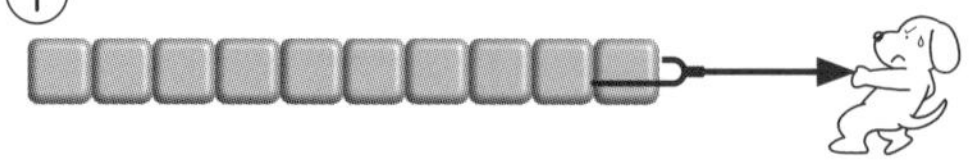

② $10-2=$

③ $10-3=$

④ $10-4=$

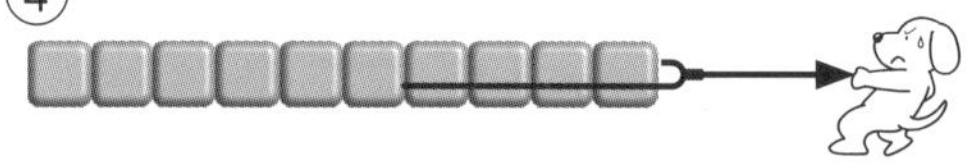

⑤ $10-5=$

⑥ $10-6=$

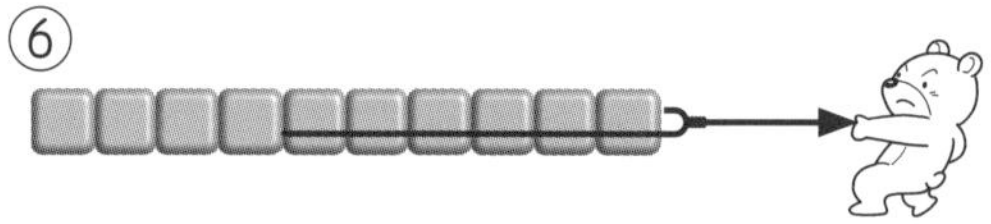

⑦ $10-7=$

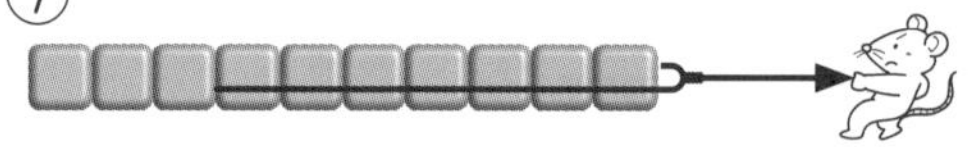

⑧ $10-8=$

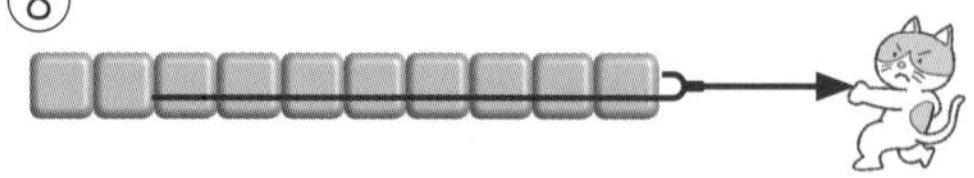

⑨ $10-9=$

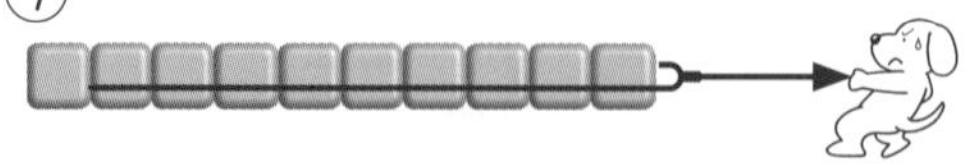

30

10までの　ひきざん (5)

なまえ

① $8 - 5 =$　　② $7 - 2 =$

③ $7 - 3 =$　　④ $9 - 1 =$

⑤ $7 - 5 =$　　⑥ $10 - 4 =$

⑦ $10 - 2 =$　　⑧ $9 - 7 =$

⑨ $9 - 4 =$　　⑩ $8 - 2 =$

⑪ $10 - 6 =$　　⑫ $10 - 7 =$

⑬ $7 - 1 =$　　⑭ $6 - 3 =$

⑮ $6 - 5 =$　　⑯ $8 - 6 =$

10までの　ひきざん (6)

なまえ

① $6 - 5 =$　　② $10 - 1 =$

③ $7 - 4 =$　　④ $9 - 8 =$

⑤ $9 - 5 =$　　⑥ $8 - 3 =$

⑦ $8 - 1 =$　　⑧ $9 - 6 =$

⑨ $10 - 3 =$　　⑩ $9 - 2 =$

⑪ $6 - 2 =$　　⑫ $8 - 7 =$

⑬ $6 - 4 =$　　⑭ $10 - 5 =$

めいろは, こたえの　おおきい　ほうを　とおりましょう。とおった　こたえを　したの　□に　かきましょう。

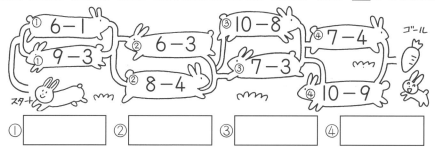

①　　　　②　　　　③　　　　④

10までの　ひきざん (7)

なまえ

① $9 - 2 =$ 　② $9 - 7 =$

③ $9 - 6 =$ 　④ $10 - 3 =$

⑤ $6 - 3 =$ 　⑥ $7 - 2 =$

⑦ $10 - 2 =$ ⑧ $8 - 4 =$

⑨ $7 - 4 =$ 　⑩ $8 - 2 =$

⑪ $8 - 3 =$ 　⑫ $10 - 5 =$

⑬ $9 - 3 =$ 　⑭ $6 - 4 =$

⑮ $10 - 8 =$ ⑯ $9 - 5 =$

10までの　ひきざん (8)

なまえ

① $7 - 3 =$ 　② $8 - 7 =$

③ $8 - 6 =$ 　④ $9 - 1 =$

⑤ $7 - 5 =$ 　⑥ $10 - 9 =$

⑦ $6 - 1 =$ 　⑧ $9 - 4 =$

⑨ $8 - 5 =$ 　⑩ $10 - 4 =$

⑪ $6 - 2 =$ 　⑫ $9 - 8 =$

⑬ $7 - 6 =$ 　⑭ $10 - 7 =$

めいろは，こたえの　おおきい　ほうを　とおりましょう。とおった　こたえを　したの　□に　かきましょう。

① □　② □　③ □　④ □

32

10までの　ひきざん（9）　なまえ

① $9 - 2 =$　　② $9 - 6 =$

③ $7 - 6 =$　　④ $10 - 8 =$

⑤ $10 - 1 =$　　⑥ $8 - 5 =$

⑦ $8 - 3 =$　　⑧ $6 - 4 =$

⑨ $8 - 2 =$　　⑩ $9 - 4 =$

⑪ $10 - 3 =$　　⑫ $7 - 5 =$

⑬ $9 - 7 =$　　⑭ $6 - 1 =$

⑮ $7 - 1 =$　　⑯ $10 - 9 =$

10までの　ひきざん（10）　なまえ

① $9 - 3 =$　　② $8 - 1 =$

③ $8 - 6 =$　　④ $10 - 5 =$

⑤ $9 - 8 =$　　⑥ $7 - 4 =$

⑦ $6 - 5 =$　　⑧ $10 - 7 =$

⑨ $7 - 3 =$　　⑩ $10 - 4 =$

⑪ $8 - 7 =$　　⑫ $6 - 2 =$

⑬ $9 - 5 =$　　⑭ $8 - 4 =$

めいろは，こたえの　おおきい　ほうを　とおりましょう。とおった　こたえを　したの　□に　かきましょう。

① [　　　]　② [　　　]　③ [　　　]　④ [　　　]

● みかんが　3こずつ　あります。のこりは　なんこ
ですか。□に　あてはまる　かずを　かきましょう。

① 1こ　たべました。

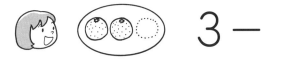

$3 - 1 = \boxed{}$

② 2こ　たべました。

$3 - \boxed{} = \boxed{}$

③ 3こ　たべました。

$3 - \boxed{} = \boxed{}$

④ たべませんでした。

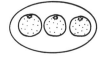

$3 - \boxed{} = \boxed{}$

① $6 - 0 =$　　② $10 - 7 =$

③ $0 - 0 =$　　④ $7 - 7 =$

⑤ $8 - 5 =$　　⑥ $10 - 9 =$

⑦ $10 - 0 =$　　⑧ $9 - 4 =$

⑨ $8 - 8 =$　　⑩ $10 - 3 =$

⑪ $7 - 5 =$　　⑫ $9 - 0 =$

⑬ $10 - 10 =$　　⑭ $6 - 2 =$

めいろは，こたえの　おおきい　ほうを　とおりましょう。とおった　こたえを　したの　□に　かきましょう。

① □　　② □　　③ □　　④ □

34

10までの ひきざん (13)
ぶんしょうだい① のこりは いくつ

① くるまが 7だい とまって います。4だい でて いきました。のこりは なんだいに なりましたか。

しき

こたえ _____

② あめが 10こ ありました。 2こ たべました。のこりは なんこですか。

しき

こたえ _____

③ いけに とりが 8わ いました。6わ とんで いきました。のこりは なんわですか。

しき

こたえ _____

10までの ひきざん (14)
ぶんしょうだい② こちらは いくつ

① くろい ねこと しろい ねこが 9ひき います。しろい ねこは 5ひきです。くろい ねこは なんびき いますか。

しき

こたえ _____

② 7にんで やまのぼりに いきました。 その うち 3にんが おとなです。 こどもは なんにんですか。

しき

こたえ _____

③ らいおんが 8とう います。おすは 2とうです。めすの らいおんは なんとうですか。

しき

こたえ _____

10までの ひきざん (15)

ぶんしょうだい③ ちがいは いくつ

なまえ _____

① どうぶつえんに ぞうが ３とう います。かばは
６とう います。どちらが なんとう おおいでしょうか。

しき

こたえ かばが ☐ とう おおい。

② かごに りんごが ９こ あります。みかんは ６こ
あります。 どちらが なんこ おおいでしょうか。

しき

こたえ ☐ が ☐ こ おおい。

③ かだんに あかい はなが ３ぼん, しろい はなが
８ほん さいて います。どちらが なんぼん おおい
でしょうか。

しき

こたえ ☐ はなが ☐ ほん おおい。

10までの ひきざん (16)

ぶんしょうだい④ のこり・こちら・ちがい

なまえ _____

① たまごが １０こ ありました。りょうりに ３こ
つかいました。のこりは なんこですか。

しき

こたえ _____

② すいぞくかんに あしかが ４とう, いるかが ６とう
います。どちらが なんとう おおいでしょうか。

しき

こたえ _____

③ ほんだなに えほんと ずかんが あわせて ８さつ あります。
えほんは ５さつです。ずかんは なんさつですか。

しき

こたえ _____

④ わたしは どんぐりを ７こ, おとうとは ９こ ひろいました。
どちらが なんこ おおいでしょうか。

しき

こたえ _____

ふりかえりテスト 10までの ひきざん

なまえ

1 けいさんを しましょう。(3×24)

① 8－3＝
② 6－2＝
③ 7－4＝
④ 10－9＝
⑤ 7－2＝
⑥ 10－2＝
⑦ 8－4＝
⑧ 9－7＝
⑨ 8－2＝
⑩ 6－1＝
⑪ 7－5＝
⑫ 10－1＝
⑬ 5－2＝
⑭ 9－6＝
⑮ 8－7＝
⑯ 10－5＝
⑰ 9－5＝
⑱ 5－4＝
⑲ 6－3＝
⑳ 4－2＝

㉑ 10－7＝
㉒ 6－4＝
㉓ 8－5＝
㉔ 9－3＝

2 あかい さかなと あおい さかなが あわせて 9ひき います。あおい さかなは 5ひきです。あかい さかなは なんびきですか。(9)

しき

こたえ ＿＿＿＿＿＿

3 おりがみが 10まい あります。7まい つかいました。のこりは なんまいですか。(9)

しき

こたえ ＿＿＿＿＿＿

4 きりんが 3とう、くまが 8とう います。どちらが なんとう おおいですか。(10)

しき

こたえ ＿＿＿＿＿＿

37

● こたえが 7に なる ところに あかいろ, 6に
なる ところに みどりいろを ぬりましょう。

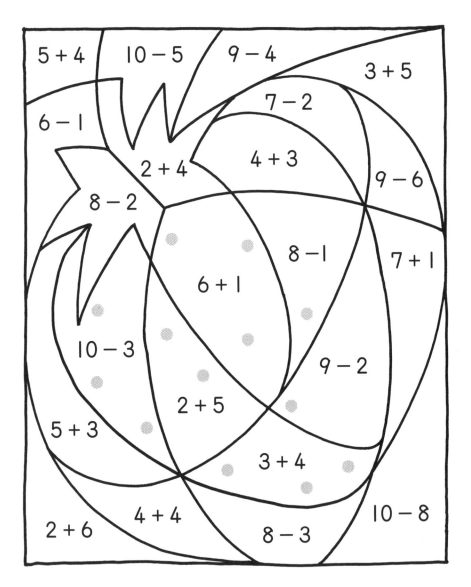

● こたえの おおきい ほうへ すすんで, スタート
から ゴールまで いきましょう。

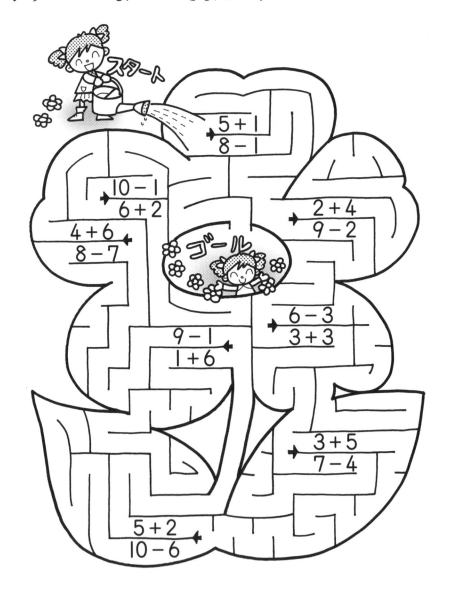

| たしざんかな　ひきざんかな① (1) | ^な^ま^え |

① かえるが いけの なかに 4ひき, いけの そとに 5ひき
います。かえるは, ぜんぶで なんびきですか。

しき

こたえ _____

② ばすに おきゃくさんが 10にん のって いました。
ばすていで 3にん おりました。おきゃくさんは なんにん
のこって いますか。

しき

こたえ _____

③ ほっとけえきを 6まい やきました。あとから 2まい
やきました。あわせて なんまい やきましたか。

しき

こたえ _____

④ あかりんごが 7こ, あおりんごが 9こあります。どちらの
りんごが なんこ おおいですか。

しき

こたえ _____

| たしざんかな　ひきざんかな① (2) | ^な^ま^え |

① じゃんけんを 10かい やりました。6かい かって,
のこりは まけました。なんかい まけたでしょうか。

しき

こたえ _____

② いえに ばななが 3ぼん あります。おかあさんが 4ほん
かってきました。ばななは, なんぼんに なりましたか。

しき

こたえ _____

③ いもほりで ぼくは いもを 5こ, おとうとは 7こ
ほりました。どちらが なんこ おおいでしょうか。

しき

こたえ _____

④ しいるが 9まい ありました。いもうとに 3まい
あげました。のこりは なんまいですか。

しき

こたえ _____

1　えれべえたあに　8にん　のって　いました。つぎの　かいで
3にん　おりました。えれべえたあの　なかは　なんにんに
なりましたか。

しき

こたえ＿＿＿＿＿＿＿

2　そうたさんは　せみを　4ひき，れいさんは　3びき
つかまえました。あわせて　なんびき　つかまえましたか。

しき

こたえ＿＿＿＿＿＿＿

3　おとなと　こどもが　あわせて　10にん　います。おとなは
4にんです。こどもは　なんにん　いますか。

しき

こたえ＿＿＿＿＿＿＿

4　ねこが　5ひき　います。こねこが　4ひき　うまれました。
ねこは，ぜんぶで　なんびきに　なりましたか。

しき

こたえ＿＿＿＿＿＿＿

1　あかだまと　しろだま　あわせて　8こ　あります。その
うち　しろだまは　5こです。あかだまは　なんこですか。

しき

こたえ＿＿＿＿＿＿＿

2　くじびきを　10かい　しました。その　うち，2かい
あたりが　でました。はずれは　なんかい　でましたか。

しき

こたえ＿＿＿＿＿＿＿

3　6りょうの　でんしゃと　2りょうの　でんしゃを　あわせると
なんりょうに　なりますか。

しき

こたえ＿＿＿＿＿＿＿

4　はこに　なすと　とまとが　はいって　います。なすは
6こ　あります。とまとは　9こ　あります。どちらが　なんこ
おおいですか。

しき

こたえ＿＿＿＿＿＿＿

● えを みて しきに なる おはなしを
つくりましょう。

① 4＋2の しきに なる おはなし

とりが でんせんに ☐ わ います。

☐ わ きました。

ぜんぶで ☐ わに なりました。

② 5＋3の しきに なる おはなし

③ 5＋4の しきに なる おはなし

● えを みて しきに なる おはなしを
つくりましょう。

① 7−3の しきに なる おはなし

さき

> とりが でんせんに 7わ います。
> 3わ とんで いきました。
> のこりは 4わに なりました。

② 6−4の しきに なる おはなし

けんた

> かだんに あかい はなが 6ぽん さいて います。
> しろい はなが 4ほん さいて います。
> ちがいは 2ほんです。

> さきさんや けんたさんの ように
> おはなしを つくれたかな。

なまえ

1 たしざんを しましょう。(3×10)

① 6 + 2 =

② 2 + 7 =

③ 4 + 3 =

④ 5 + 2 =

⑤ 3 + 6 =

⑥ 7 + 3 =

⑦ 4 + 4 =

⑧ 2 + 8 =

⑨ 1 + 7 =

⑩ 3 + 5 =

2 ひきざんを しましょう。(3×10)

① 10 - 3 =

② 9 - 6 =

③ 8 - 2 =

④ 10 - 9 =

⑤ 6 - 3 =

⑥ 9 - 4 =

⑦ 10 - 7 =

⑧ 7 - 4 =

⑨ 9 - 5 =

⑩ 10 - 6 =

3 めだかを 4ひき かって います。5ひき もらいました。めだかは ぜんぶで なんびきに なりましたか。(8)

しき

こたえ ____

4 しろやぎと くろやぎが あわせて 8びき います。その うち、しろやぎは 3びきです。くろやぎは なんびきですか。(8)

しき

こたえ ____

5 たこやきが 10こ あります。7こ たべました。なんこ のこって いますか。(8)

しき

こたえ ____

6 あかい はなが 3ぼん、しろい はなが 4ほん あります。はなは、あわせて なんぼん ありますか。(8)

しき

こたえ ____

7 なおさんは いいろを 7まい、りこさんは 9まい もって います。どちらが なんまい おおいでしょうか。(8)

しき

こたえ ____

どちらが　ながい（1）

なまえ

● どちらが　ながいでしょうか。ながい　ほうや　たかい
ほうの　（　）に　○を　かきましょう。

①
（　）
（　）

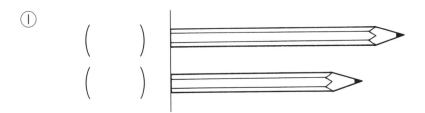

②
（　）
（　）

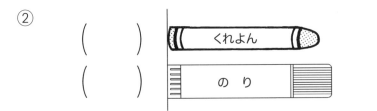

③
（　）
（　）

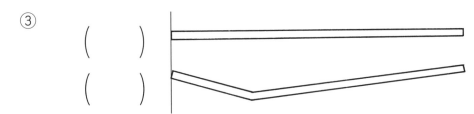

④
（　）
（　）

⑤
（　）（　）

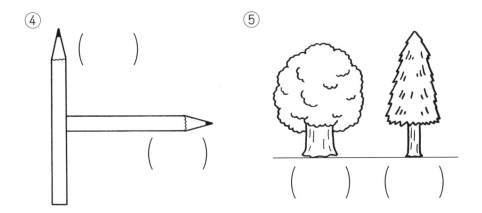

どちらが　ながい（2）

なまえ

1 どちらが　ながいでしょうか。ながい　ほうの　（　）に
○を　かきましょう。

① ほん

たて
（　）

よこ（　）

② つくえ

よこ（　）（　）

たて
（　）

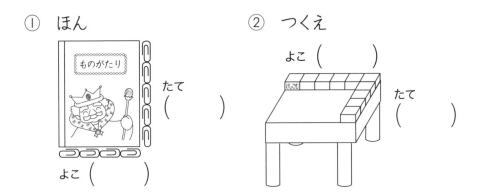

2 ながい　じゅんに　ばんごうを　かきましょう。

（　）
（　）
（　）

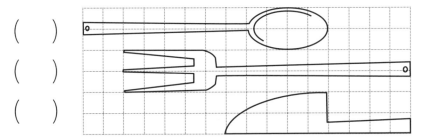

3 たかい　じゅんに　ばんごうを　かきましょう。

（　）　　（　）　　（　）

44

どちらが　ながい （3）

● どちらが　ながいでしょうか。ながい　ほうや　たかい
ほうの　（　）に　○を　つけましょう。

① （　）
（　）

② （　）
（　）

③ ④

（　）　（　）　　　（　）　（　）

⑤ （　）
（　）

どちらが　ながい （4）

● ながい　じゅんに　ばんごうを　かきましょう。

① （　）
（　）
（　）
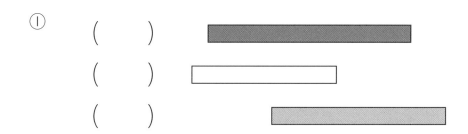

② （　）
（　）
（　）

③ （　）
（　）
（　）
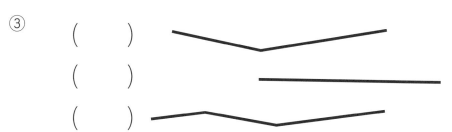

④ （　）
（　）
（　）
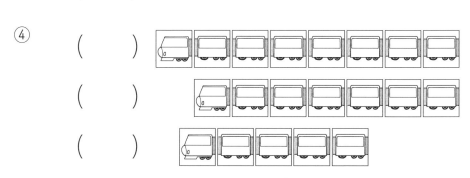

かずを　せいりしよう

● くだものの　かずを　しらべましょう。

① したから　じゅんに　くだものの
　　かずだけ　いろを　ぬりましょう。

りんご	みかん	ばなな	めろん	いちご

② いちばん　おおい　くだものは　なんですか。
　　また，なんこですか。

（　　　　　　　　　）で（　　　）こ

③ いちばん　すくない　くだものは　なんですか。
　　また，なんこですか。

（　　　　　　　　　）で（　　　）こ

④ 3ばんめに　おおい　くだものは　なんですか。
　　また，なんこですか。

（　　　　　　　　　）で（　　　）こ

20までの かず (1)

なまえ _____

● 10ずつ ○で かこんで かずを かぞえましょう。
　□に かずを かきましょう。

□ わ

20までの かず (2)

なまえ _____

● 10ずつ ○で かこんで かずを かぞえましょう。
　□に かずを かきましょう。

①

□ ひき

②

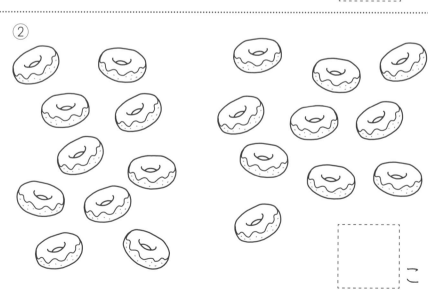

□ こ

20までの　かず（3）

1　かずを　□□に　かきましょう。

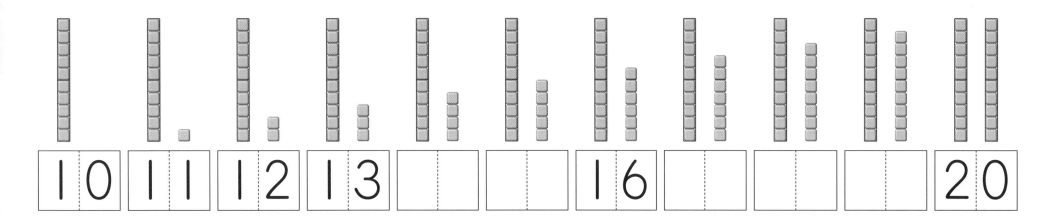

| 10 | 11 | 12 | 13 | | | 16 | | | | 20 |

2　□に　かずを　かきましょう。

① 10と　4で　□

② 10と　7で　□

③ 10と　2で　□

④ 10と　9で　□

⑤ 10と　10で　□

3　□に　かずを　かきましょう。

① 15は　10と　□

② 11は　10と　□

③ 20は　□　と　10

④ 18は　□　と　8

⑤ 16は　10と　□

4　○に　かずを　かきましょう。

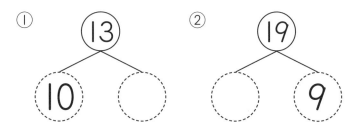

①　13　10　○

②　19　○　9

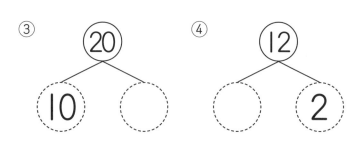

③　20　10　○

④　12　○　2

20までの　かず（4）

なまえ

● 10ずつ　○で　かこんで　かずを　かぞえましょう。
　□に　かずを　かきましょう。

①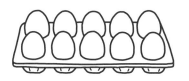

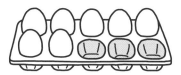

　こ

②

　にん

20までの　かず（5）

なまえ

● 10ずつ　○で　かこんで　かずを　かぞえましょう。
　□に　かずを　かきましょう。

①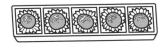

　こ

②

　ひき

③

　こ

● かずの　せんを　つかって，かんがえましょう。

0　1　2　3　4　5　6　7　8　9　10　11　12　13　14　15　16　17　18　19　20

① どちらの　かずが　おおきいでしょうか。
　おおきい　ほうに　○を　つけましょう。

① (11 と 10)　　② (12 と 20)

③ (13 と 12)　　④ (18 と 19)

⑤ (17 と 18)　　⑥ (16 と 14)

⑦ (19 と 20)　　⑧ (16 と 17)

⑨ (13 と 15)　　⑩ (12 と 11)

② □に　かずを　かきましょう。

① 15 16 □ □ 19 □

② □ 15 □ □ 12 11

③ □ 10 12 □ 16 □

③ つぎの　かずは　いくつですか。
　□に　かずを　かきましょう。

① 15より 5 おおきい かず □

② 19より 3 ちいさい かず □

③ 18より 2 おおきい かず □

④ 14より 4 ちいさい かず □

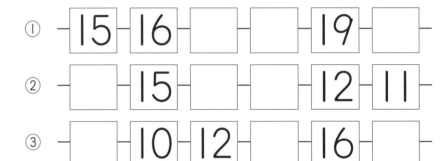

50

20までの　かず（7）

たしざん①

なまえ _____

① $13 + 2 =$
② $16 + 3 =$
③ $11 + 5 =$
④ $11 + 4 =$
⑤ $12 + 2 =$
⑥ $17 + 2 =$
⑦ $15 + 3 =$
⑧ $10 + 8 =$
⑨ $14 + 4 =$
⑩ $12 + 6 =$
⑪ $18 + 1 =$
⑫ $13 + 3 =$
⑬ $14 + 2 =$
⑭ $10 + 4 =$
⑮ $16 + 2 =$
⑯ $12 + 5 =$
⑰ $11 + 3 =$
⑱ $14 + 1 =$

めいろは，こたえの　おおきい　ほうを　とおりましょう。とおった　こたえを　したの　□　に　かきましょう。

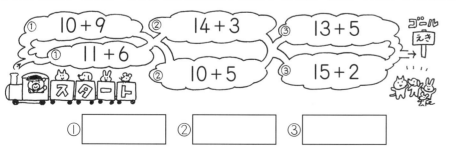

①　□　②　□　③　□

20までの　かず（8）

ひきざん①

なまえ _____

① $14 - 4 =$
② $18 - 4 =$
③ $17 - 4 =$
④ $14 - 3 =$
⑤ $18 - 5 =$
⑥ $19 - 5 =$
⑦ $17 - 5 =$
⑧ $17 - 2 =$
⑨ $19 - 6 =$
⑩ $13 - 1 =$
⑪ $12 - 1 =$
⑫ $15 - 5 =$
⑬ $16 - 6 =$
⑭ $19 - 7 =$
⑮ $15 - 3 =$
⑯ $18 - 2 =$
⑰ $19 - 4 =$
⑱ $12 - 2 =$

めいろは，こたえの　おおきい　ほうを　とおりましょう。とおった　こたえを　したの　□　に　かきましょう。

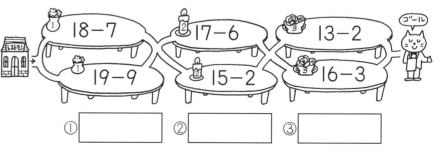

①　□　②　□　③　□

20までの　かず（9）
たしざん②　　なまえ

① $13 + 4 =$　　② $13 + 6 =$

③ $11 + 3 =$　　④ $12 + 3 =$

⑤ $10 + 2 =$　　⑥ $15 + 2 =$

⑦ $12 + 7 =$　　⑧ $13 + 3 =$

⑨ $10 + 7 =$　　⑩ $12 + 1 =$

⑪ $10 + 5 =$　　⑫ $14 + 5 =$

⑬ $11 + 6 =$　　⑭ $12 + 4 =$

⑮ $15 + 3 =$　　⑯ $11 + 8 =$

⑰ $14 + 2 =$　　⑱ $16 + 2 =$

めいろは，こたえの　おおきい　ほうを　とおりましょう。とおった　こたえを　したの　□　に　かきましょう。

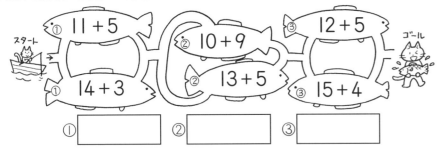

スタート　① $11 + 5$　② $10 + 9$　③ $12 + 5$　ゴール

① $14 + 3$　② $13 + 5$　③ $15 + 4$

①　②　③

20までの　かず（10）
ひきざん②　　なまえ

① $18 - 7 =$　　② $15 - 4 =$

③ $16 - 2 =$　　④ $18 - 3 =$

⑤ $17 - 6 =$　　⑥ $19 - 7 =$

⑦ $19 - 6 =$　　⑧ $17 - 2 =$

⑨ $13 - 3 =$　　⑩ $14 - 1 =$

⑪ $16 - 5 =$　　⑫ $11 - 1 =$

⑬ $15 - 3 =$　　⑭ $17 - 5 =$

⑮ $14 - 4 =$　　⑯ $18 - 2 =$

⑰ $17 - 1 =$　　⑱ $19 - 3 =$

めいろは，こたえの　おおきい　ほうを　とおりましょう。とおった　こたえを　したの　□　に　かきましょう。

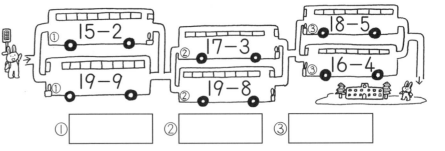

① $15 - 2$　② $17 - 3$　③ $18 - 5$

① $19 - 9$　② $19 - 8$　③ $16 - 4$

①　②　③

52

ふりかえりテスト 20までの かず

なまえ ____

④ けいさんを しましょう。(3×10)

① $10 + 4 =$

② $10 + 8 =$

③ $10 + 1 =$

④ $15 + 3 =$

⑤ $16 + 3 =$

⑥ $13 - 3 =$

⑦ $19 - 9 =$

⑧ $15 - 5 =$

⑨ $15 - 2 =$

⑩ $17 - 5 =$

⑤ □に かずを かきましょう。(2×4)

①

16		18	19	

②

	12		14	18

⑥ つぎの かずは いくつですか。□に かずを かきましょう。(5×2)

① 17より 3 おおきいかず

② 15より 5 ちいさいかず

---

① □に かずを かきましょう。(4×4)

①

□ こ

②

□

③

□

④

□ こ

② □に あう かずを かきましょう。(4×4)

① 10と 9で

② 10と 10で

③ 19は 10と

④ 15は □ と 5

③ かずの おおきい ほうに ○を つけましょう。(5×4)

① (16 と 19)

② (20 と 17)

③ (11 と 9)

④ (13 と 16)

53

どちらが おおい (1)

なまえ

① おおい ほうに ○を しましょう。

①
あ（　）　い（　）　　② あ（　）　い（　）

② おおい じゅんに ばんごうを かきましょう。

あ（　）　　　い（　）　　　う（　）

③ はいって いた みずを こっぷに うつしました。
おおい ほうに ○を しましょう。

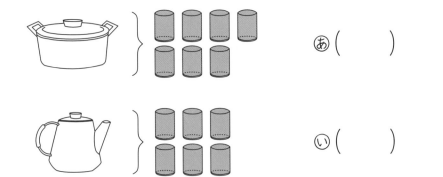
あ（　）

い（　）

どちらが おおい (2)

なまえ

① どちらの はこの かさが おおきいでしょうか。
おおきい ほうの （　）に ○を かきましょう。

①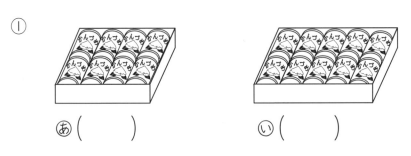
あ（　）　　　い（　）

②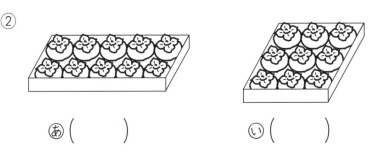
あ（　）　　　い（　）

② はこの かさが おおきい じゅんに ばんごうを
かきましょう。

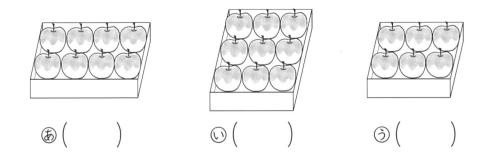
あ（　）　　　い（　）　　　う（　）

54

なんじ　なんじはん（1）　なまえ

● とけいの　はりを　よみましょう。

① （　　　）じ　　② （　　　）じ

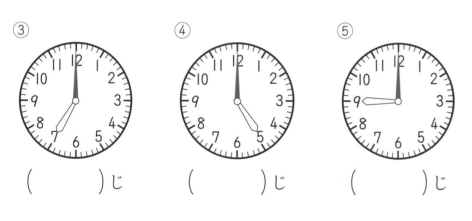

③ （　　　）じ　　④ （　　　）じ　　⑤ （　　　）じ

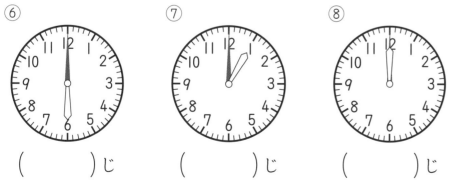

⑥ （　　　）じ　　⑦ （　　　）じ　　⑧ （　　　）じ

なんじ　なんじはん（2）　なまえ

● とけいの　はりを　よみましょう。

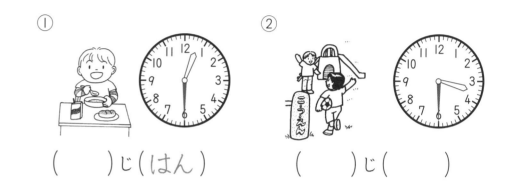

① （　　　）じ（はん）　　② （　　　）じ（　　　）

③ （　　　）じ（　　　）　　④ （　　　）じ（　　　）　　⑤ （　　　）じ（　　　）

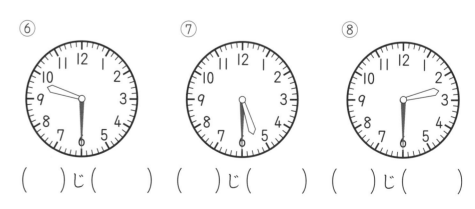

⑥ （　　　）じ（　　　）　　⑦ （　　　）じ（　　　）　　⑧ （　　　）じ（　　　）

なんじ　なんじはん (3)

● とけいの　はりを　よみましょう。

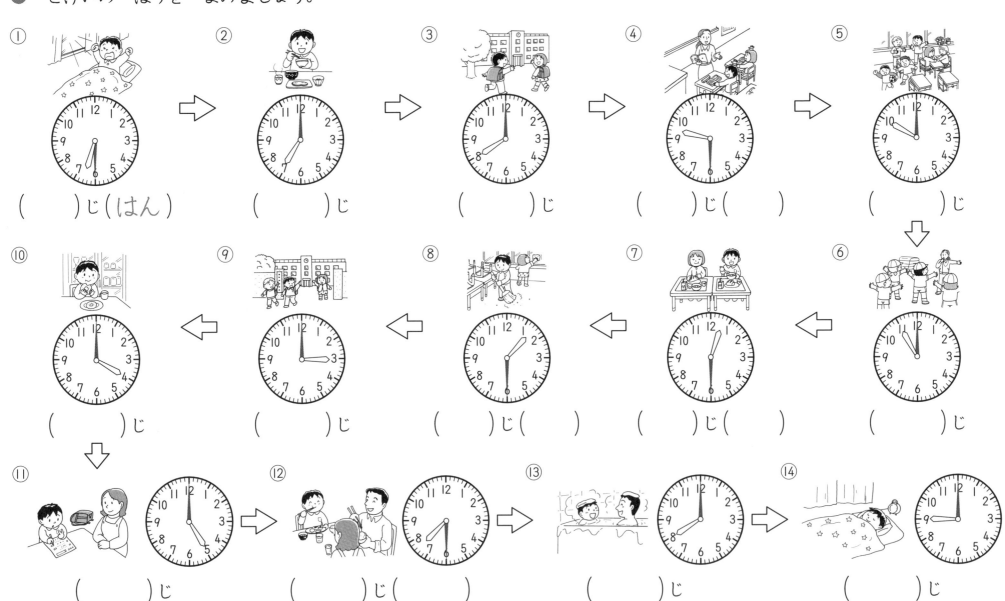

① （　　　）じ（はん）

② （　　　）じ

③ （　　　）じ

④ （　　　）じ（　　　）

⑤ （　　　）じ

⑩ （　　　）じ

⑨ （　　　）じ

⑧ （　　　）じ（　　　）

⑦ （　　　）じ（　　　）

⑥ （　　　）じ

⑪ （　　　）じ

⑫ （　　　）じ（　　　）

⑬ （　　　）じ

⑭ （　　　）じ

3つの かずの けいさん (1)

たしざん

なまえ

① いぬは みんなで なんびきに なりましたか。
　１つの しきで かきましょう。

① 　　4ひき のって います。

② 　　2ひき のりました。

③ 　　3びき のりました。

しき

こたえ 　　 ひき

② けいさんを しましょう。

① 2 + 6 + 1 =

② 7 + 3 + 2 =

3つの かずの けいさん (2)

ひきざん

① いぬは なんびき のこって いますか。
　１つの しきで かきましょう。

① 　　9ひき のって います。

② 　　4ひき おりました。

③ 　　3びき おりました。

しき

こたえ 　　 ひき

② けいさんを しましょう。

① 10 − 2 − 4 =

② 13 − 3 − 5 =

3つの かずの けいさん (3)
たしざん・ひきざん

なまえ

① いぬは なんびきに なりましたか。
1つの しきで かきましょう。

①  5ひき のって います。

②  2ひき おりました。

③  4ひき のりました。

しき

こたえ　　　　ひき

② けいさんを しましょう。

① 8 − 6 + 2 =

② 7 + 3 − 5 =

3つの かずの けいさん (4)

なまえ

① 2 + 3 + 4 =　　② 2 + 3 − 1 =

③ 8 − 4 − 2 =　　④ 9 − 5 + 3 =

⑤ 6 + 3 + 1 =　　⑥ 1 + 8 − 2 =

⑦ 5 − 3 + 7 =　　⑧ 10 − 2 − 4 =

⑨ 8 + 2 − 4 =　　⑩ 3 + 7 − 9 =

⑪ 10 − 9 + 5 =　　⑫ 5 + 5 − 4 =

⑬ 4 + 6 − 3 =　　⑭ 7 − 5 + 8 =

⑮ 5 + 4 − 7 =　　⑯ 7 + 3 − 6 =

めいろは，こたえの おおきい ほうを とおりましょう。とおった こたえを したの □ に かきましょう。

①　　　　　②　　　　　③

58

3つの かずの けいさん (5)

なまえ _____

① $7 + 3 + 5 =$　　② $8 + 2 - 3 =$

③ $6 - 5 + 9 =$　　④ $1 + 8 - 6 =$

⑤ $9 + 1 - 4 =$　　⑥ $5 + 5 + 9 =$

⑦ $9 - 3 + 4 =$　　⑧ $3 + 4 - 2 =$

⑨ $10 - 1 - 6 =$　　⑩ $4 + 5 - 4 =$

⑪ $4 - 2 + 8 =$　　⑫ $7 + 3 + 3 =$

⑬ $5 - 2 + 6 =$　　⑭ $10 - 4 - 2 =$

⑮ $3 + 6 - 5 =$　　⑯ $6 - 1 + 5 =$

めいろは, こたえの おおきい ほうを とおりましょう。とおった こたえを したの □ に かきましょう。

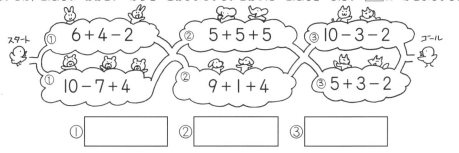

スタート　① $6 + 4 - 2$　② $5 + 5 + 5$　③ $10 - 3 - 2$　ゴール
① $10 - 7 + 4$　② $9 + 1 + 4$　③ $5 + 3 - 2$

①　②　③

3つの かずの けいさん (6)

なまえ _____

① $6 + 1 + 3 =$　　② $1 + 9 - 3 =$

③ $10 - 5 - 2 =$　　④ $4 + 5 - 7 =$

⑤ $8 + 1 - 2 =$　　⑥ $10 - 9 + 5 =$

⑦ $2 + 8 - 6 =$　　⑧ $4 - 2 + 8 =$

⑨ $10 - 7 - 1 =$　　⑩ $15 - 5 - 2 =$

⑪ $14 - 4 + 5 =$　　⑫ $7 - 2 + 3 =$

⑬ $10 - 8 + 2 =$　　⑭ $5 + 5 + 4 =$

⑮ $18 - 8 - 8 =$　　⑯ $6 + 4 - 2 =$

めいろは, こたえの おおきい ほうを とおりましょう。とおった こたえを したの □ に かきましょう。

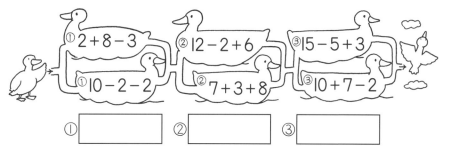

① $2 + 8 - 3$　② $12 - 2 + 6$　③ $15 - 5 + 3$
① $10 - 2 - 2$　② $7 + 3 + 8$　③ $10 + 7 - 2$

①　②　③

3つの かずの けいさん (7)　なまえ＿＿＿＿＿＿＿＿

① $10 - 8 + 6 =$　② $4 + 6 + 8 =$

③ $17 - 7 - 4 =$　④ $9 + 1 - 2 =$

⑤ $9 - 7 + 8 =$　⑥ $8 + 2 - 3 =$

⑦ $10 - 6 + 3 =$　⑧ $3 + 7 - 9 =$

⑨ $6 - 5 + 5 =$　⑩ $19 - 9 - 2 =$

⑪ $7 + 3 + 9 =$　⑫ $4 + 4 - 5 =$

⑬ $3 + 5 - 6 =$　⑭ $13 - 3 + 1 =$

⑮ $16 - 6 + 7 =$　⑯ $10 - 7 + 4 =$

めいろは, こたえの おおきい ほうを とおりましょう。とおった こたえを したの □ に かきましょう。

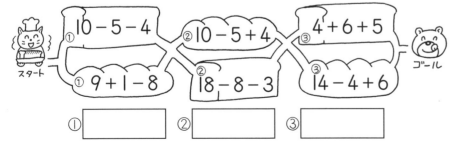

① $10 - 5 - 4$　② $10 - 5 + 4$　③ $4 + 6 + 5$
スタート
① $9 + 1 - 8$　② $18 - 8 - 3$　③ $14 - 4 + 6$
ゴール

①□　②□　③□

3つの かずの けいさん (8)　なまえ＿＿＿＿＿＿＿＿
ぶんしょうだい・おはなしづくり

① ばすに 10にん のって います。つぎの ばすていで 6にん おりて, 4にん のって きました。ばすの なかは なんにんに なりましたか。

しき

　　　　　　こたえ＿＿＿＿＿＿

② みかんが 9こ あります。5こ たべたので おかあさんが 6こ かって きました。みかんは なんこに なりましたか。

しき

　　　　　　こたえ＿＿＿＿＿＿

③ $7 + 3 - 4$の もんだいに なるように おはなしを つくりましょう。

60

たしざん (1) くりあがり		なまえ	

① $6+6=$ ② $9+8=$

③ $8+3=$ ④ $6+8=$

⑤ $9+5=$ ⑥ $3+9=$

⑦ $8+7=$ ⑧ $7+6=$

⑨ $7+5=$ ⑩ $4+9=$

⑪ $8+4=$ ⑫ $9+2=$

⑬ $5+6=$ ⑭ $6+9=$

⑮ $5+9=$ ⑯ $7+7=$

⑰ $4+7=$ ⑱ $8+8=$

めいろは, こたえの おおきい ほうを とおりましょう。とおった こたえを したの □に かきましょう。

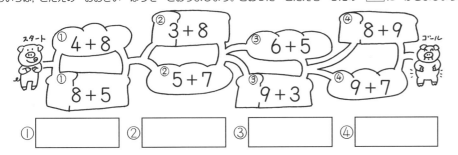

たしざん (2) くりあがり		なまえ	

① $3+8=$ ② $4+8=$

③ $8+6=$ ④ $9+9=$

⑤ $7+9=$ ⑥ $5+7=$

⑦ $5+8=$ ⑧ $6+5=$

⑨ $9+4=$ ⑩ $8+9=$

⑪ $9+7=$ ⑫ $7+8=$

⑬ $8+5=$ ⑭ $2+9=$

⑮ $9+6=$ ⑯ $6+7=$

⑰ $7+4=$ ⑱ $9+3=$

めいろは, こたえの おおきい ほうを とおりましょう。とおった こたえを したの □に かきましょう。

たしざん（3）
くりあがり　　なまえ

① $9 + 4 =$　　② $8 + 8 =$

③ $6 + 8 =$　　④ $4 + 7 =$

⑤ $9 + 7 =$　　⑥ $7 + 6 =$

⑦ $5 + 6 =$　　⑧ $8 + 4 =$

⑨ $6 + 5 =$　　⑩ $7 + 8 =$

⑪ $8 + 5 =$　　⑫ $2 + 9 =$

⑬ $9 + 9 =$　　⑭ $7 + 7 =$

⑮ $4 + 8 =$　　⑯ $9 + 3 =$

⑰ $3 + 8 =$　　⑱ $5 + 7 =$

たしざん（4）
くりあがり　　なまえ

① $4 + 9 =$　　② $8 + 3 =$

③ $7 + 9 =$　　④ $6 + 6 =$

⑤ $9 + 2 =$　　⑥ $8 + 7 =$

⑦ $8 + 9 =$　　⑧ $5 + 8 =$

⑨ $6 + 7 =$　　⑩ $9 + 8 =$

⑪ $9 + 5 =$　　⑫ $5 + 9 =$

⑬ $7 + 5 =$　　⑭ $6 + 9 =$

⑮ $3 + 9 =$　　⑯ $9 + 6 =$

⑰ $7 + 4 =$　　⑱ $8 + 6 =$

めいろは，こたえの　おおきい　ほうを　とおりましょう。とおった　こたえを　したの　□　に　かきましょう。

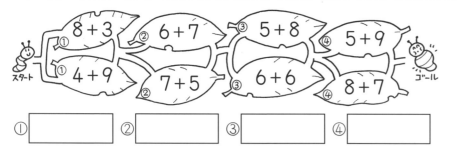

めいろは，こたえの　おおきい　ほうを　とおりましょう。とおった　こたえを　したの　□　に　かきましょう。

たしざん（5）

くりあがり（すべての型 36問）

なまえ _____

① $8 + 4 =$　② $5 + 6 =$　③ $6 + 8 =$

④ $4 + 9 =$　⑤ $8 + 9 =$　⑥ $7 + 5 =$

⑦ $7 + 7 =$　⑧ $9 + 6 =$　⑨ $8 + 6 =$

⑩ $7 + 6 =$　⑪ $5 + 9 =$　⑫ $9 + 2 =$

⑬ $9 + 5 =$　⑭ $4 + 8 =$　⑮ $5 + 8 =$

⑯ $7 + 9 =$　⑰ $6 + 9 =$　⑱ $9 + 4 =$

⑲ $5 + 7 =$　⑳ $7 + 8 =$　㉑ $6 + 5 =$

㉒ $6 + 6 =$　㉓ $9 + 9 =$　㉔ $8 + 7 =$

㉕ $3 + 9 =$　㉖ $7 + 4 =$　㉗ $3 + 8 =$

㉘ $8 + 5 =$　㉙ $9 + 8 =$　㉚ $8 + 8 =$

㉛ $9 + 7 =$　㉜ $2 + 9 =$　㉝ $4 + 7 =$

㉞ $6 + 7 =$　㉟ $9 + 3 =$　㊱ $8 + 3 =$

たしざん（6）

くりあがり（すべての型 36問）

なまえ _____

① $9 + 6 =$　② $7 + 9 =$　③ $5 + 8 =$

④ $3 + 9 =$　⑤ $5 + 6 =$　⑥ $9 + 2 =$

⑦ $9 + 8 =$　⑧ $8 + 4 =$　⑨ $6 + 8 =$

⑩ $2 + 9 =$　⑪ $7 + 8 =$　⑫ $7 + 7 =$

⑬ $8 + 7 =$　⑭ $4 + 9 =$　⑮ $3 + 8 =$

⑯ $9 + 5 =$　⑰ $8 + 8 =$　⑱ $9 + 4 =$

⑲ $9 + 3 =$　⑳ $8 + 3 =$　㉑ $9 + 9 =$

㉒ $5 + 9 =$　㉓ $6 + 7 =$　㉔ $4 + 7 =$

㉕ $7 + 5 =$　㉖ $8 + 9 =$　㉗ $8 + 6 =$

㉘ $9 + 7 =$　㉙ $5 + 7 =$　㉚ $8 + 5 =$

㉛ $7 + 6 =$　㉜ $7 + 4 =$　㉝ $6 + 6 =$

㉞ $6 + 5 =$　㉟ $6 + 9 =$　㊱ $4 + 8 =$

たしざん （7）
くりあがり （すべての型 36 問）　　なまえ

① $5 + 9 =$　　② $8 + 4 =$　　③ $7 + 5 =$

④ $8 + 8 =$　　⑤ $6 + 5 =$　　⑥ $4 + 9 =$

⑦ $5 + 6 =$　　⑧ $7 + 8 =$　　⑨ $2 + 9 =$

⑩ $8 + 9 =$　　⑪ $6 + 6 =$　　⑫ $9 + 3 =$

⑬ $6 + 7 =$　　⑭ $9 + 9 =$　　⑮ $7 + 9 =$

⑯ $9 + 6 =$　　⑰ $3 + 8 =$　　⑱ $5 + 8 =$

⑲ $8 + 3 =$　　⑳ $7 + 7 =$　　㉑ $9 + 4 =$

㉒ $3 + 9 =$　　㉓ $6 + 9 =$　　㉔ $8 + 6 =$

㉕ $9 + 2 =$　　㉖ $7 + 6 =$　　㉗ $5 + 7 =$

㉘ $9 + 8 =$　　㉙ $8 + 7 =$　　㉚ $4 + 8 =$

㉛ $8 + 5 =$　　㉜ $7 + 4 =$　　㉝ $4 + 7 =$

㉞ $9 + 7 =$　　㉟ $9 + 5 =$　　㊱ $6 + 8 =$

たしざん （8）
くりあがり （すべての型 36 問）　　なまえ

① $8 + 8 =$　　② $4 + 9 =$　　③ $5 + 7 =$

④ $9 + 5 =$　　⑤ $7 + 9 =$　　⑥ $8 + 9 =$

⑦ $3 + 8 =$　　⑧ $6 + 6 =$　　⑨ $6 + 7 =$

⑩ $7 + 5 =$　　⑪ $8 + 6 =$　　⑫ $5 + 6 =$

⑬ $9 + 2 =$　　⑭ $5 + 8 =$　　⑮ $6 + 8 =$

⑯ $7 + 7 =$　　⑰ $2 + 9 =$　　⑱ $9 + 6 =$

⑲ $6 + 5 =$　　⑳ $9 + 4 =$　　㉑ $9 + 9 =$

㉒ $7 + 8 =$　　㉓ $8 + 3 =$　　㉔ $5 + 9 =$

㉕ $9 + 3 =$　　㉖ $7 + 6 =$　　㉗ $9 + 8 =$

㉘ $4 + 7 =$　　㉙ $8 + 7 =$　　㉚ $3 + 9 =$

㉛ $9 + 7 =$　　㉜ $6 + 9 =$　　㉝ $8 + 5 =$

㉞ $8 + 4 =$　　㉟ $7 + 4 =$　　㊱ $4 + 8 =$

たしざん （9）

くりあがり（50問 すべての型を含む）

なまえ

① $8 + 8 =$　② $2 + 9 =$　③ $8 + 4 =$
④ $9 + 3 =$　⑤ $6 + 8 =$　⑥ $4 + 9 =$
⑦ $5 + 7 =$　⑧ $4 + 8 =$　⑨ $8 + 6 =$
⑩ $9 + 9 =$　⑪ $7 + 6 =$　⑫ $9 + 6 =$
⑬ $8 + 3 =$　⑭ $8 + 7 =$　⑮ $8 + 5 =$
⑯ $9 + 3 =$　⑰ $5 + 6 =$　⑱ $7 + 7 =$
⑲ $8 + 6 =$　⑳ $6 + 7 =$　㉑ $8 + 9 =$
㉒ $3 + 9 =$　㉓ $9 + 6 =$　㉔ $6 + 5 =$
㉕ $8 + 5 =$　㉖ $7 + 8 =$　㉗ $7 + 5 =$
㉘ $5 + 6 =$　㉙ $9 + 5 =$　㉚ $6 + 7 =$
㉛ $9 + 7 =$　㉜ $5 + 8 =$　㉝ $8 + 9 =$
㉞ $9 + 2 =$　㉟ $7 + 7 =$　㊱ $3 + 8 =$
㊲ $6 + 6 =$　㊳ $9 + 8 =$　㊴ $8 + 3 =$
㊵ $5 + 9 =$　㊶ $8 + 7 =$　㊷ $3 + 9 =$
㊸ $7 + 4 =$　㊹ $6 + 9 =$　㊺ $9 + 4 =$
㊻ $7 + 9 =$　㊼ $4 + 7 =$　㊽ $9 + 9 =$
㊾ $6 + 5 =$　㊿ $7 + 6 =$

たしざん （10）

くりあがり（50問 すべての型を含む）

なまえ

① $9 + 9 =$　② $7 + 6 =$　③ $4 + 8 =$
④ $7 + 8 =$　⑤ $8 + 5 =$　⑥ $6 + 9 =$
⑦ $6 + 6 =$　⑧ $7 + 5 =$　⑨ $3 + 8 =$
⑩ $8 + 6 =$　⑪ $2 + 9 =$　⑫ $7 + 9 =$
⑬ $5 + 6 =$　⑭ $9 + 8 =$　⑮ $5 + 8 =$
⑯ $9 + 7 =$　⑰ $7 + 4 =$　⑱ $8 + 8 =$
⑲ $8 + 9 =$　⑳ $7 + 7 =$　㉑ $9 + 9 =$
㉒ $9 + 5 =$　㉓ $6 + 5 =$　㉔ $3 + 9 =$
㉕ $9 + 2 =$　㉖ $8 + 7 =$　㉗ $9 + 6 =$
㉘ $5 + 6 =$　㉙ $8 + 9 =$　㉚ $6 + 5 =$
㉛ $8 + 4 =$　㉜ $5 + 8 =$　㉝ $7 + 6 =$
㉞ $5 + 9 =$　㉟ $9 + 7 =$　㊱ $5 + 7 =$
㊲ $7 + 4 =$　㊳ $6 + 8 =$　㊴ $8 + 3 =$
㊵ $9 + 3 =$　㊶ $4 + 9 =$　㊷ $9 + 4 =$
㊸ $4 + 7 =$　㊹ $7 + 7 =$　㊺ $8 + 8 =$
㊻ $9 + 8 =$　㊼ $3 + 9 =$　㊽ $9 + 5 =$
㊾ $4 + 9 =$　㊿ $6 + 7 =$

たしざん（11）

くりあがり（50問 すべての型を含む）

① 5 + 7 =　② 9 + 5 =　③ 4 + 8 =

④ 6 + 8 =　⑤ 4 + 9 =　⑥ 7 + 6 =

⑦ 5 + 6 =　⑧ 9 + 5 =　⑨ 7 + 8 =

⑩ 9 + 9 =　⑪ 2 + 9 =　⑫ 9 + 4 =

⑬ 9 + 6 =　⑭ 8 + 5 =　⑮ 5 + 8 =

⑯ 9 + 4 =　⑰ 5 + 9 =　⑱ 4 + 7 =

⑲ 8 + 8 =　⑳ 3 + 9 =　㉑ 6 + 5 =

㉒ 7 + 6 =　㉓ 3 + 8 =　㉔ 7 + 5 =

㉕ 6 + 9 =　㉖ 7 + 7 =　㉗ 9 + 6 =

㉘ 7 + 9 =　㉙ 9 + 8 =　㉚ 8 + 4 =

㉛ 6 + 6 =　㉜ 3 + 9 =　㉝ 8 + 6 =

㉞ 9 + 7 =　㉟ 6 + 5 =　㊱ 4 + 7 =

㊲ 9 + 9 =　㊳ 8 + 3 =　㊴ 8 + 7 =

㊵ 5 + 8 =　㊶ 7 + 5 =　㊷ 5 + 9 =

㊸ 6 + 7 =　㊹ 3 + 8 =　㊺ 9 + 3 =

㊻ 8 + 9 =　㊼ 9 + 2 =　㊽ 7 + 4 =

㊾ 8 + 5 =　㊿ 8 + 8 =

たしざん（12）

くりあがり　めいろ

● こたえの おおきい ほうを とおって ゴールまで すすみましょう。とおった こたえを したの □ に かきましょう。

①	②	③	④	⑤	⑥	⑦	⑧

たしざん (13)
くりあがり　ぶんしょうだい①

① さかなつりに　いきました。ぼくは　8ぴき，おとうとは
7ひき　つりました。あわせて　なんびき　つったでしょうか。

しき

こたえ _____

② おりがみを　9まい　もって　います。おねえさんから
8まい　もらいました。おりがみは　なんまいに　なりましたか。

しき

こたえ _____

③ おやいぬが　5ひき，こいぬが　9ひき　います。あわせて
いぬは　なんびき　いますか。

しき

こたえ _____

④ こうえんに　こどもが　6にん　います。7にんが　やって
きました。こうえんには　こどもが　なんにん　いますか。

しき

こたえ _____

たしざん (14)
くりあがり　ぶんしょうだい②

① あひるが　いけに　3わ　います。いけの　まわりに　9わ
います。あわせて　あひるは　なんわ　いますか。

しき

こたえ _____

② あかい　りんごが　7こ，きいろい　りんごが　7こ　あります。
ぜんぶで　りんごは　なんこ　ありますか。

しき

こたえ _____

③ ばすに　7にん　のって　いました。つぎの　ばすていで
9にん　のりました。ばすの　なかは　なんにんに　なりましたか。

しき

こたえ _____

④ ちゅうしゃじょうに　くるまが　8だい　とまって　います。
5だい　くると，くるまは　なんだいに　なりますか。

しき

こたえ _____

ふりかえりテスト たしざん くりあがり

なまえ

□ けいさんを しましょう。 (2 × 36)

① 9 + 2 =
② 7 + 9 =
③ 6 + 5 =
④ 8 + 3 =
⑤ 9 + 4 =
⑥ 5 + 7 =
⑦ 8 + 4 =
⑧ 6 + 8 =
⑨ 7 + 4 =
⑩ 4 + 9 =
⑪ 8 + 5 =
⑫ 7 + 8 =
⑬ 9 + 3 =
⑭ 5 + 6 =
⑮ 8 + 9 =
⑯ 6 + 6 =
⑰ 7 + 7 =
⑱ 5 + 8 =
⑲ 4 + 7 =
⑳ 9 + 9 =
㉑ 8 + 6 =
㉒ 6 + 9 =
㉓ 3 + 8 =

㉔ 2 + 9 =
㉕ 9 + 6 =
㉖ 8 + 8 =
㉗ 7 + 5 =
㉘ 6 + 7 =
㉙ 9 + 7 =
㉚ 3 + 9 =
㉛ 4 + 8 =
㉜ 7 + 6 =
㉝ 9 + 5 =
㉞ 8 + 7 =
㉟ 9 + 8 =
㊱ 5 + 9 =

② あかい おりがみが 6まい あります。
あおい おりがみは 8まい あります。
おりがみは あわせて なんまい
ありますか。 (14)

しき

こたえ

③ きょうしつに こどもが 4にん います。
そとから 9にん かえって きました。
こどもは みんなで なんにんに
なりましたか。 (14)

しき

こたえ

68

かたちあそび （1）

● いろいろな かたちの ものを なかまに わけました。
どのような わけかたを したか あてはまる ほうに
○を しましょう。

①

( ) つむ ことが
できる かたち。

( ) ころがる かたち。

②

( ) つむ ことが
できる かたち。

( ) ころがる かたち。

③

( ) よく ころがって
うえに つみやすい
かたち。

( ) よく ころがって
うえに つみにくい
かたち。

かたちあそび （2）

1 したの かたちと おなじ なかまの かたちを
さがしましょう。（ ）に ばんごうを かきましょう。

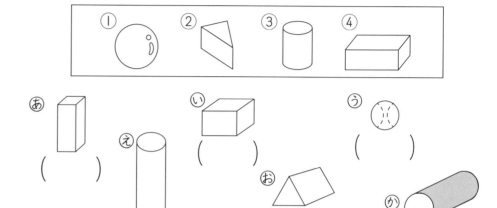

あ ( )　い ( )　う ( )

え ( )　お ( )　か ( )

2 かみに うつすと, どのような かたちに なるでしょう。
せんで むすびましょう。

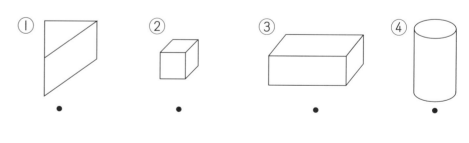

① ・　② ・　③ ・　④ ・

・　・　・　・

ひきざん (1)
くりさがり

なまえ

① $11 - 4 =$　　② $13 - 4 =$

③ $14 - 6 =$　　④ $12 - 5 =$

⑤ $13 - 7 =$　　⑥ $17 - 9 =$

⑦ $14 - 5 =$　　⑧ $11 - 8 =$

⑨ $11 - 7 =$　　⑩ $16 - 8 =$

⑪ $14 - 8 =$　　⑫ $11 - 2 =$

⑬ $11 - 6 =$　　⑭ $13 - 9 =$

⑮ $12 - 3 =$　　⑯ $15 - 7 =$

⑰ $15 - 9 =$　　⑱ $18 - 9 =$

めいろは, こたえの おおきい ほうを とおりましょう。とおった こたえを したの □ に かきましょう。

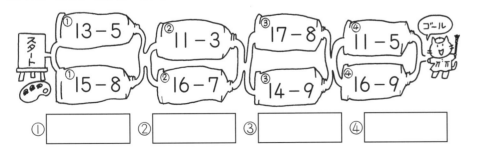

ひきざん (2)
くりさがり

なまえ

① $12 - 7 =$　　② $11 - 3 =$

③ $14 - 9 =$　　④ $11 - 5 =$

⑤ $13 - 6 =$　　⑥ $17 - 8 =$

⑦ $12 - 8 =$　　⑧ $16 - 7 =$

⑨ $13 - 8 =$　　⑩ $12 - 6 =$

⑪ $15 - 8 =$　　⑫ $12 - 9 =$

⑬ $11 - 9 =$　　⑭ $14 - 7 =$

⑮ $16 - 9 =$　　⑯ $12 - 4 =$

⑰ $13 - 5 =$　　⑱ $15 - 6 =$

めいろは, こたえの おおきい ほうを とおりましょう。とおった こたえを したの □ に かきましょう。

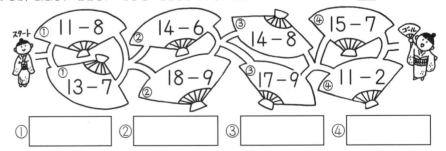

① $15 - 8 =$ ② $14 - 7 =$

③ $13 - 5 =$ ④ $12 - 3 =$

⑤ $14 - 9 =$ ⑥ $11 - 7 =$

⑦ $15 - 6 =$ ⑧ $12 - 7 =$

⑨ $11 - 5 =$ ⑩ $12 - 6 =$

⑪ $13 - 6 =$ ⑫ $16 - 8 =$

⑬ $17 - 8 =$ ⑭ $11 - 3 =$

⑮ $11 - 4 =$ ⑯ $18 - 9 =$

⑰ $16 - 7 =$ ⑱ $13 - 8 =$

めいろは，こたえの おおきい ほうを とおりましょう。とおった こたえを したの □に かきましょう。

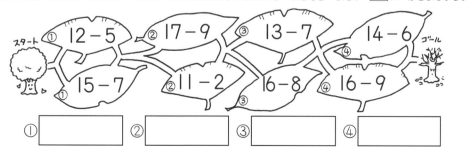

① □ ② □ ③ □ ④ □

① $16 - 9 =$ ② $15 - 7 =$

③ $12 - 8 =$ ④ $11 - 9 =$

⑤ $11 - 6 =$ ⑥ $14 - 5 =$

⑦ $13 - 9 =$ ⑧ $12 - 5 =$

⑨ $11 - 8 =$ ⑩ $12 - 4 =$

⑪ $14 - 8 =$ ⑫ $17 - 9 =$

⑬ $13 - 4 =$ ⑭ $11 - 2 =$

⑮ $15 - 9 =$ ⑯ $12 - 9 =$

⑰ $14 - 6 =$ ⑱ $13 - 7 =$

めいろは，こたえの おおきい ほうを とおりましょう。とおった こたえを したの □に かきましょう。

① □ ② □ ③ □ ④ □

71（ひきざん（3）18問と ひきざん（4）18問 あわせて すべての型36問）

ひきざん （5）

くりさがり （すべての型　36問）

なまえ

① 18 − 9 ＝　　② 12 − 4 ＝　　③ 11 − 6 ＝

④ 11 − 8 ＝　　⑤ 14 − 8 ＝　　⑥ 13 − 4 ＝

⑦ 14 − 6 ＝　　⑧ 15 − 8 ＝　　⑨ 12 − 9 ＝

⑩ 12 − 6 ＝　　⑪ 13 − 7 ＝　　⑫ 13 − 5 ＝

⑬ 15 − 7 ＝　　⑭ 11 − 9 ＝　　⑮ 12 − 5 ＝

⑯ 15 − 9 ＝　　⑰ 11 − 2 ＝　　⑱ 11 − 4 ＝

⑲ 12 − 7 ＝　　⑳ 16 − 9 ＝　　㉑ 13 − 9 ＝

㉒ 14 − 9 ＝　　㉓ 17 − 8 ＝　　㉔ 11 − 7 ＝

㉕ 13 − 8 ＝　　㉖ 16 − 7 ＝　　㉗ 16 − 8 ＝

㉘ 15 − 6 ＝　　㉙ 11 − 5 ＝　　㉚ 17 − 9 ＝

㉛ 11 − 3 ＝　　㉜ 14 − 5 ＝　　㉝ 12 − 3 ＝

㉞ 13 − 6 ＝　　㉟ 14 − 7 ＝　　㊱ 12 − 8 ＝

ひきざん （6）

くりさがり （すべての型　36問）

なまえ

① 14 − 7 ＝　　② 11 − 8 ＝　　③ 12 − 3 ＝

④ 15 − 8 ＝　　⑤ 14 − 9 ＝　　⑥ 16 − 7 ＝

⑦ 11 − 9 ＝　　⑧ 15 − 6 ＝　　⑨ 12 − 6 ＝

⑩ 15 − 9 ＝　　⑪ 16 − 9 ＝　　⑫ 13 − 4 ＝

⑬ 12 − 8 ＝　　⑭ 11 − 7 ＝　　⑮ 14 − 6 ＝

⑯ 13 − 7 ＝　　⑰ 12 − 9 ＝　　⑱ 13 − 5 ＝

⑲ 14 − 8 ＝　　⑳ 13 − 6 ＝　　㉑ 12 − 4 ＝

㉒ 13 − 8 ＝　　㉓ 14 − 5 ＝　　㉔ 15 − 7 ＝

㉕ 11 − 6 ＝　　㉖ 13 − 9 ＝　　㉗ 12 − 5 ＝

㉘ 17 − 8 ＝　　㉙ 11 − 3 ＝　　㉚ 11 − 2 ＝

㉛ 11 − 5 ＝　　㉜ 17 − 9 ＝　　㉝ 18 − 9 ＝

㉞ 12 − 7 ＝　　㉟ 11 − 4 ＝　　㊱ 16 − 8 ＝

ひきざん（7）
くりさがり（すべての型　36問）

なまえ

① 12 − 4 =　② 13 − 5 =　③ 11 − 7 =

④ 14 − 5 =　⑤ 11 − 8 =　⑥ 15 − 9 =

⑦ 12 − 8 =　⑧ 13 − 7 =　⑨ 11 − 5 =

⑩ 12 − 5 =　⑪ 16 − 9 =　⑫ 15 − 6 =

⑬ 13 − 9 =　⑭ 15 − 8 =　⑮ 12 − 6 =

⑯ 14 − 9 =　⑰ 11 − 3 =　⑱ 17 − 8 =

⑲ 14 − 6 =　⑳ 13 − 8 =　㉑ 12 − 3 =

㉒ 11 − 4 =　㉓ 15 − 7 =　㉔ 16 − 8 =

㉕ 16 − 7 =　㉖ 14 − 8 =　㉗ 11 − 6 =

㉘ 14 − 7 =　㉙ 17 − 9 =　㉚ 18 − 9 =

㉛ 12 − 9 =　㉜ 11 − 2 =　㉝ 13 − 6 =

㉞ 13 − 4 =　㉟ 12 − 7 =　㊱ 11 − 9 =

ひきざん（8）
くりさがり（すべての型　36問）

なまえ

① 11 − 8 =　② 12 − 9 =　③ 13 − 8 =

④ 13 − 4 =　⑤ 11 − 9 =　⑥ 12 − 6 =

⑦ 15 − 9 =　⑧ 13 − 6 =　⑨ 11 − 3 =

⑩ 16 − 9 =　⑪ 11 − 7 =　⑫ 14 − 7 =

⑬ 11 − 5 =　⑭ 16 − 8 =　⑮ 15 − 6 =

⑯ 12 − 4 =　⑰ 14 − 5 =　⑱ 12 − 7 =

⑲ 17 − 8 =　⑳ 13 − 5 =　㉑ 18 − 9 =

㉒ 12 − 5 =　㉓ 14 − 9 =　㉔ 16 − 7 =

㉕ 15 − 7 =　㉖ 11 − 2 =　㉗ 12 − 3 =

㉘ 12 − 8 =　㉙ 14 − 8 =　㉚ 13 − 7 =

㉛ 17 − 9 =　㉜ 11 − 6 =　㉝ 15 − 8 =

㉞ 11 − 4 =　㉟ 13 − 9 =　㊱ 14 − 6 =

ひきざん（9）

① 14 − 9 =　　② 13 − 8 =　　③ 14 − 8 =

④ 13 − 9 =　　⑤ 12 − 3 =　　⑥ 12 − 6 =

⑦ 12 − 7 =　　⑧ 14 − 7 =　　⑨ 16 − 7 =

⑩ 16 − 9 =　　⑪ 12 − 6 =　　⑫ 11 − 2 =

⑬ 17 − 8 =　　⑭ 16 − 7 =　　⑮ 12 − 9 =

⑯ 14 − 9 =　　⑰ 12 − 3 =　　⑱ 13 − 5 =

⑲ 11 − 4 =　　⑳ 14 − 6 =　　㉑ 18 − 9 =

㉒ 14 − 8 =　　㉓ 13 − 9 =　　㉔ 12 − 4 =

㉕ 15 − 7 =　　㉖ 17 − 8 =　　㉗ 16 − 9 =

㉘ 11 − 5 =　　㉙ 12 − 9 =　　㉚ 11 − 3 =

㉛ 15 − 8 =　　㉜ 11 − 2 =　　㉝ 17 − 9 =

㉞ 11 − 9 =　　㉟ 14 − 6 =　　㊱ 11 − 8 =

㊲ 13 − 7 =　　㊳ 11 − 6 =　　㊴ 18 − 9 =

㊵ 15 − 6 =　　㊶ 12 − 4 =　　㊷ 13 − 6 =

㊸ 12 − 8 =　　㊹ 11 − 7 =　　㊺ 12 − 5 =

㊻ 13 − 5 =　　㊼ 16 − 8 =　　㊽ 13 − 4 =

㊾ 15 − 9 =　　㊿ 14 − 5 =

ひきざん（10）

① 16 − 9 =　　② 18 − 9 =　　③ 12 − 9 =

④ 11 − 6 =　　⑤ 13 − 9 =　　⑥ 11 − 3 =

⑦ 14 − 7 =　　⑧ 11 − 2 =　　⑨ 13 − 8 =

⑩ 13 − 6 =　　⑪ 12 − 7 =　　⑫ 11 − 5 =

⑬ 16 − 7 =　　⑭ 17 − 8 =　　⑮ 14 − 9 =

⑯ 15 − 9 =　　⑰ 12 − 8 =　　⑱ 15 − 8 =

⑲ 12 − 7 =　　⑳ 16 − 9 =　　㉑ 14 − 7 =

㉒ 15 − 7 =　　㉓ 13 − 4 =　　㉔ 12 − 4 =

㉕ 13 − 6 =　　㉖ 11 − 8 =　　㉗ 13 − 4 =

㉘ 12 − 7 =　　㉙ 15 − 9 =　　㉚ 15 − 7 =

㉛ 14 − 5 =　　㉜ 12 − 5 =　　㉝ 16 − 7 =

㉞ 12 − 8 =　　㉟ 17 − 8 =　　㊱ 15 − 8 =

㊲ 13 − 7 =　　㊳ 14 − 8 =　　㊴ 13 − 5 =

㊵ 14 − 9 =　　㊶ 11 − 7 =　　㊷ 11 − 4 =

㊸ 12 − 6 =　　㊹ 17 − 9 =　　㊺ 15 − 6 =

㊻ 18 − 9 =　　㊼ 14 − 6 =　　㊽ 16 − 8 =

㊾ 12 − 3 =　　㊿ 11 − 9 =

ひきざん （11）

くりさがり （50問　すべての型を含む）

なまえ

① 15 − 7 =　　② 12 − 6 =　　③ 13 − 6 =
④ 11 − 2 =　　⑤ 18 − 9 =　　⑥ 17 − 9 =
⑦ 13 − 9 =　　⑧ 11 − 4 =　　⑨ 14 − 5 =
⑩ 13 − 8 =　　⑪ 12 − 6 =　　⑫ 11 − 7 =
⑬ 14 − 6 =　　⑭ 16 − 9 =　　⑮ 17 − 9 =
⑯ 15 − 6 =　　⑰ 11 − 9 =　　⑱ 11 − 6 =
⑲ 13 − 9 =　　⑳ 12 − 6 =　　㉑ 12 − 4 =
㉒ 14 − 8 =　　㉓ 18 − 9 =　　㉔ 15 − 8 =
㉕ 15 − 6 =　　㉖ 12 − 9 =　　㉗ 16 − 9 =
㉘ 11 − 3 =　　㉙ 17 − 8 =　　㉚ 11 − 9 =
㉛ 14 − 7 =　　㉜ 12 − 4 =　　㉝ 12 − 3 =
㉞ 15 − 8 =　　㉟ 13 − 8 =　　㊱ 13 − 4 =
㊲ 11 − 5 =　　㊳ 12 − 7 =　　㊴ 11 − 6 =
㊵ 14 − 6 =　　㊶ 16 − 7 =　　㊷ 16 − 8 =
㊸ 13 − 5 =　　㊹ 15 − 9 =　　㊺ 12 − 5 =
㊻ 14 − 9 =　　㊼ 12 − 8 =　　㊽ 14 − 8 =
㊾ 13 − 7 =　　㊿ 11 − 8 =

ひきざん （12）

くりさがり　めいろ

なまえ

● こたえの　おおきい　ほうを　とおって　ゴールまで
すすみましょう。

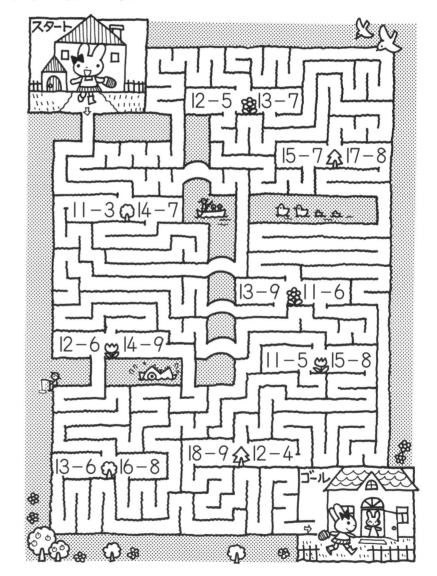

ひきざん（13）

くりさがり　はなびらけいさん①

なまえ

● まんなかの　かずから　まわりの　かずを　ひいて，
こたえを　はなびらに　かきましょう。

ひきざん（14）

くりさがり　はなびらけいさん②

なまえ

● まんなかの　かずから　まわりの　かずを　ひいて，
こたえを　はなびらに　かきましょう。

ひきざん（15）

くりさがり　ぶんしょうだい①　のこりは　いくつ

① とんぼを　12ひき　つかまえました。その　うち, 7ひき
にがして　やりました。のこりは　なんびきですか。

しき

　　　　　　　こたえ

② じゃがいもが　14こ　ありました。その　うち, 6こ
りょうりに　つかいました。のこりは　なんこですか。

しき

　　　　　　　こたえ

③ キャラメルが　18こ　ありました。みんなで　9こ
たべました。のこりは　なんこですか。

しき

　　　　　　　こたえ

④ えんぴつが　15ほん　あります。8にんに　1ぽんずつ
くばりました。のこりは　なんぼんですか。

しき

　　　　　　　こたえ

ひきざん（16）

くりさがり　ぶんしょうだい②　こちらは　いくつ

なまえ

① くろい　いぬと　しろい　いぬが　あわせて　15ひき
います。くろい　いぬは　6ぴきです。しろい　いぬは
なんびきですか。

しき

　　　　　　　こたえ

② らいおんが　11とう　います。おすの　らいおんは　5とう
です。めすの　らいおんは　なんとうですか。

しき

　　　　　　　こたえ

③ いけに　おおきい　さかなと　ちいさい　さかなが　あわせて
13びき　います。おおきい　さかなは　8ぴきです。ちいさい
さかなは　なんびきですか。

しき

　　　　　　　こたえ

④ こどもが　こうえんで　17にん　あそんで　います。その
うち, ぼうしを　かぶって　いる　こどもは　9にんです。
ぼうしを　かぶって　いない　こどもは　なんにんですか。

しき

　　　　　　　こたえ

ひきざん (17)

くりさがり　ぶんしょうだい③　ちがいは　いくつ

なまえ _____

① かだんに　あかい　はなが　13ぼん,　しろい　はなが　4ほん
さいて　います。どちらが　なんぼん　おおいでしょうか。

しき

　こたえ _____

② たくとさんは　ほんを　9さつ,　あやさんは　11さつ
よみました。どちらが　なんさつ　おおく　よみましたか。

しき

　こたえ _____

③ どうぶつえんに　パンダが　7ひき,　コアラが　12ひき
います。どちらが　なんびき　おおいでしょうか。

しき

　こたえ _____

④ 6がつは　あめの　ひが　16にち,　はれの　ひが　9にち
でした。どちらが　なんにち　おおかったでしょうか。

しき

こたえ _____

ひきざん (18)

くりさがり　ぶんしょうだい④　のこり・こちら・ちがい

なまえ _____

① おねえさんは　13さいです。わたしは　7さいです。
なんさい　ちがいますか。

しき

　こたえ _____

② カードを　14まい　もって　います。おとうとに　5まい
あげました。のこりは　なんまいですか。

しき

　こたえ _____

③ みなとに　ヨットが　15そう　とまって　います。
ボートは　7そう　とまって　います。どちらが　なんそう
おおいですか。

しき

　こたえ _____

④ すいそうに　おやがめと　こがめが　あわせて　12ひき
います。　その　うち,　おやがめは　8ぴきです。　こがめは
なんびきですか。

しき

　こたえ _____

ふりかえりテスト ひきざん くりさがり

なまえ＿＿＿＿＿＿＿＿

① けいさんを しましょう。 (2×36)

① 11 − 3 ＝
② 14 − 5 ＝
③ 15 − 9 ＝
④ 16 − 8 ＝
⑤ 13 − 4 ＝
⑥ 14 − 6 ＝
⑦ 11 − 9 ＝
⑧ 12 − 7 ＝
⑨ 13 − 8 ＝
⑩ 12 − 4 ＝
⑪ 16 − 7 ＝
⑫ 12 − 9 ＝
⑬ 13 − 5 ＝
⑭ 14 − 8 ＝
⑮ 11 − 4 ＝
⑯ 17 − 8 ＝
⑰ 12 − 6 ＝
⑱ 15 − 8 ＝
⑲ 11 − 7 ＝
⑳ 14 − 9 ＝
㉑ 15 − 6 ＝
㉒ 13 − 6 ＝
㉓ 11 − 8 ＝
㉔ 17 − 9 ＝
㉕ 12 − 5 ＝
㉖ 11 − 2 ＝

㉗ 16 − 9 ＝
㉘ 13 − 7 ＝
㉙ 11 − 5 ＝
㉚ 12 − 3 ＝
㉛ 18 − 9 ＝
㉜ 14 − 7 ＝
㉝ 11 − 6 ＝
㉞ 13 − 9 ＝
㉟ 15 − 7 ＝
㊱ 12 − 8 ＝

② あかと くろの きんぎょが あわせて 16ぴき います。あかい きんぎょは 7ひきです。くろい きんぎょは なんびきですか。 (9)

しき

こたえ ＿＿＿＿＿

③ ふうせんが 11こ あります。3こ とんで いきました。ふうせんは のこり なんこに なりましたか。 (9)

しき

こたえ ＿＿＿＿＿

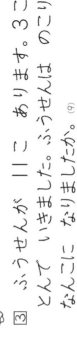

④ もねさんは さつまいもを 6ぽん、ゆうさんは 13ぽん ほりました。どちらが なんぼん おおいですか。 (10)

しき

こたえ ＿＿＿＿＿

79

たしざん・ひきざん（1）

めいろ①　くりあがり・くりさがり

なまえ

● こたえの おおきい ほうを とおって ゴールまで すすみましょう。

たしざん・ひきざん（2）

めいろ②　くりあがり・くりさがり

なまえ

● こたえの おおきい ほうを とおって ゴールまで すすみましょう。

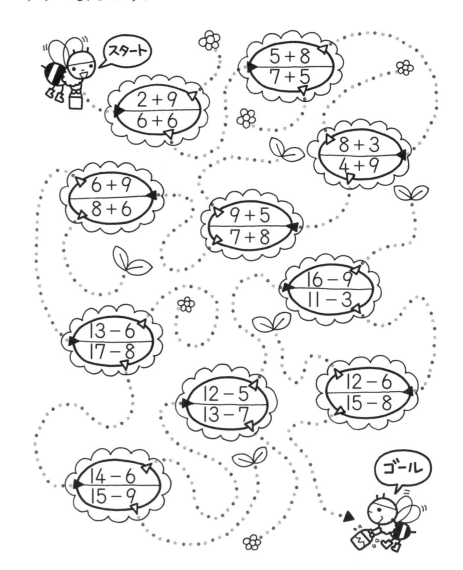

① かびんに　あかい　…　はなが　7ほん
あります。はなは　あ…ますか。

しき

② ケーキが　13こ　あり…　…が
1こずつ　たべます。ケーキ…　…すか。

しき

③ 14ほんの　くじが　あります…
あたりです。はずれの　くじは　…か。

しき

こたえ

④ はたけで　きのう　トマトが　8こ　とれました。　きょうは,
7こ　とれました。　あわせて　なんこ　とれましたか。

しき

こたえ

補充注文カ…
貴店名
年　月　日
部数　部
書名　発行所
楽　研
喜（わかる喜び学ぶ楽しさを
創造する教育研究所略称）
新版　教科書がっちり
完全マスター編　1年
力がつくまでくりかえし練習できる
算数プリント　ふりかえりテスト付き
編著　原田　善造
9784862773098
ISBN978-4-86277-309-8
C3037　¥1950E
定価2,145円
（本体1,950円＋税10%）

---

① エレベーターに　11にん　のって　います。つぎの　かいで
4にん　おりました。　エレベーターの　なかは　なんにんに
なりましたか。

しき

こたえ

② わたしは　たこやきを　6こ,　おとうとは　7こ
たべました。ふたり　あわせて　なんこ　たべましたか。

しき

こたえ

③ なつやすみに　りほさんは　7さつ,　もえさんは　12さつ
ほんを　よみました。どちらが　なんさつ　おおく　よみましたか。

しき

こたえ

④ いちごの　あめと　ぶどうの　あめが　あわせて　16こ
あります。　いちごの　あめは　8こです。　ぶどうの　あめは
なんこですか。

しき

こたえ

たしざんかな　ひきざんかな ② (3)

な
ま
え 　＿＿＿＿＿＿＿＿

① こうたさんは　きのう　グラウンドを　6しゅう，きょう
8しゅう　はしりました。あわせて　なんしゅう　はしったでしょうか。

しき

　　　　　　　　こたえ ＿＿＿＿＿＿＿

② おとなの　さると　こざるが　あわせて　16ぴき　います。
その　うち　おとなの　さるは　9ひきです。　こざるは
なんびきですか。

しき

　　　　　　　　こたえ ＿＿＿＿＿＿＿

③ おとこのこ　8にんと，おんなのこ　5にんに　ノートを
1さつずつ　あげます。ノートは　なんさつ　いりますか。

しき

　　　　　　　　こたえ ＿＿＿＿＿＿＿

④ わたしは　かいを　12こ，いもうとは　8こ　ひろいました。
どちらが　なんこ　おおく　かいを　ひろったでしょうか。

しき

　　　　　　　　こたえ ＿＿＿＿＿＿＿

たしざんかな　ひきざん…

① おにいさんは　13さいで…
おにいさんは　なんさい　としうえ…

しき

　　　　　　　　こたえ ＿＿＿＿＿＿＿

② しかくい　つみきが　8こ　あります。まるい　つみきは
15こ　あります。どちらの　つみきが　なんこ　おおいですか。

しき

　　　　こたえ ＿＿＿＿＿＿＿

③ なおさんは　はんかちを　8まい　もって　います。
おかあさんから　3まい　もらいました。はんかちは
なんまいに　なりましたか。

しき

　　　　　　　　こたえ ＿＿＿＿＿＿＿

④ みんなで　ちいさな　ゆきだるまを　14こ　つくりました。
6こ　とけてしまいました。ゆきだるまは　なんこ　のこって
いますか。

しき

　　　　　　　　こたえ ＿＿＿＿＿＿＿

① かびんに あかい はなが 5ほん, しろい はなが 7ほん あります。はなは あわせて なんぼん ありますか。

しき

こたえ _____

② ケーキが 13こ あります。9にんの こどもが 1こずつ たべます。ケーキは, なんこ あまりますか。

しき

こたえ _____

③ 14ほんの くじが あります。その うち 5ほんが あたりです。はずれの くじは なんぼんですか。

しき

こたえ _____

④ はたけで きのう トマトが 8こ とれました。 きょうは, 7こ とれました。 あわせて なんこ とれましたか。

しき

こたえ _____

① エレベーターに 11にん のって います。つぎの かいで 4にん おりました。エレベーターの なかは なんにんに なりましたか。

しき

こたえ _____

② わたしは たこやきを 6こ, おとうとは 7こ たべました。ふたり あわせて なんこ たべましたか。

しき

こたえ _____

③ なつやすみに りほさんは 7さつ, もえさんは 12さつ ほんを よみました。どちらが なんさつ おおく よみましたか。

しき

こたえ _____

④ いちごの あめと ぶどうの あめが あわせて 16こ あります。 いちごの あめは 8こです。 ぶどうの あめは なんこですか。

しき

こたえ _____

1　こうたさんは　きのう　グラウンドを　6しゅう，きょう
　　8しゅう　はしりました。あわせて　なんしゅう　はしったでしょうか。

しき

こたえ _____

2　おとなの　さると　こざるが　あわせて　16ぴき　います。
　　その　うち　おとなの　さるは　9ひきです。　こざるは
　　なんびきですか。

しき

こたえ _____

3　おとこのこ　8にんと，おんなのこ　5にんに　ノートを
　　1さつずつ　あげます。ノートは　なんさつ　いりますか。

しき

こたえ _____

4　わたしは　かいを　12こ，いもうとは　8こ　ひろいました。
　　どちらが　なんこ　おおく　かいを　ひろったでしょうか。

しき

こたえ _____

1　おにいさんは　13さいです。わたしは　7さいです。
　　おにいさんは　なんさい　としうえですか。

しき

こたえ _____

2　しかくい　つみきが　8こ　あります。まるい　つみきは
　　15こ　あります。どちらの　つみきが　なんこ　おおいですか。

しき

こたえ _____

3　なおさんは　はんかちを　8まい　もって　います。
　　おかあさんから　3まい　もらいました。はんかちは
　　なんまいに　なりましたか。

しき

こたえ _____

4　みんなで　ちいさな　ゆきだるまを　14こ　つくりました。
　　6こ　とけてしまいました。ゆきだるまは　なんこ　のこって
　　いますか。

しき

こたえ _____

おおきい　かず（1）

100までの　かず①

なまえ　＿＿＿＿＿＿＿＿＿＿＿＿

● かずを　かぞえましょう。

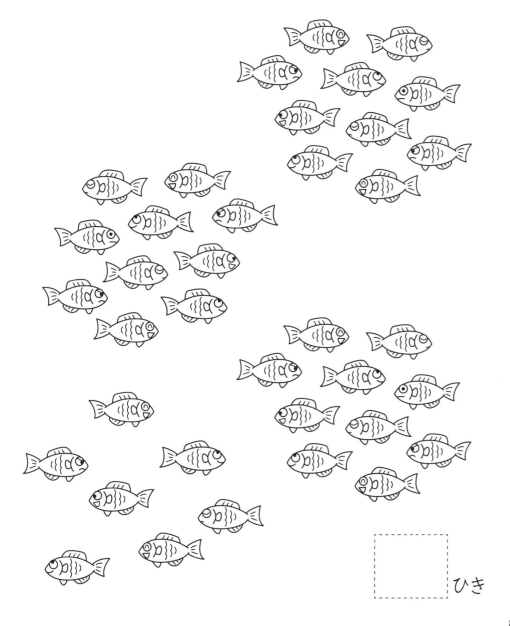

┌─────────┐
│   │
└─────────┘ ひき

おおきい　かず（2）

100までの　かず②

なまえ　＿＿＿＿＿＿＿＿＿＿＿＿

● かずを　かぞえましょう。

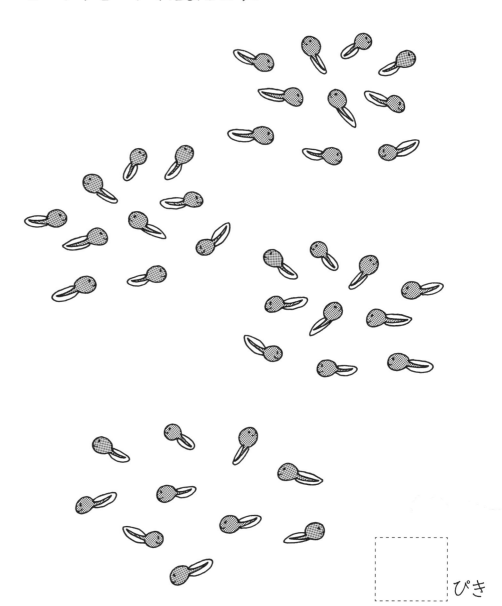

┌─────────┐
│   │
└─────────┘ ぴき

おおきい かず（3）

なまえ

● □に かずを かきましょう。

①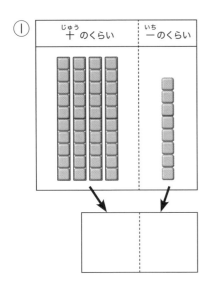

②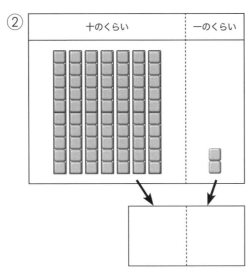

③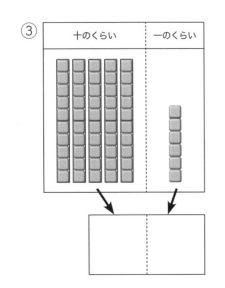

④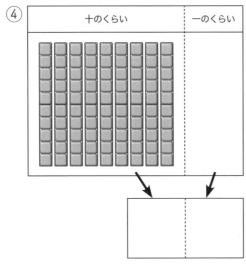

おおきい かず（4）

なまえ

① □に あてはまる かずを かきましょう。

① 10が 5こと，1が 9こで □

② 10が 8こで □

③ 98は，10が □こと，1が □こ

④ 70は，10が □こ

② □に あてはまる かずを かきましょう。

① 十のくらいが 4，一のくらいが 8の かずは □

② 十のくらいが 6，一のくらいが 0の かずは □

③ 35の 十のくらいの すうじは □，
一のくらいの すうじは □

④ 87の 十のくらいの すうじは □，
一のくらいの すうじは □

● ありは　なんびき　いますか。くふうして　かずを
かぞえましょう。

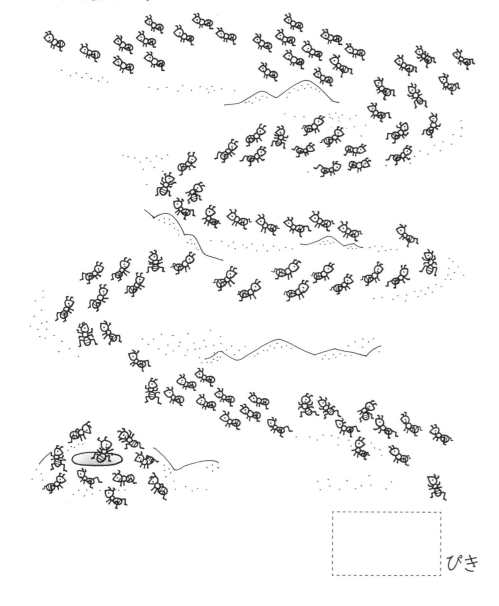

ぴき

① たまごの　かずを　かぞえましょう。

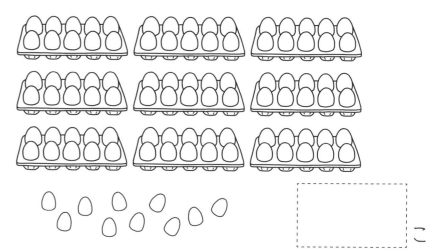

こ

② □に　あてはまる　かずを　かきましょう。

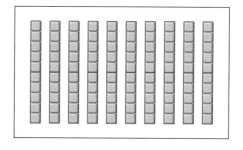 

百

10が　10こで, 百と　いいます。

百は, □ と　かきます。

100は, 99より □ おおきい　かずです。

85

おおきい　かず（7）

100までの　かず⑦

● つぎの　かずのせんを　みて　かんがえましょう。

0　10　20　30　40　50　60　70　80　90　100

□ 　□に　あてはまる　かずを　かきましょう。

① 63より　2　おおきい　かずは 　□

② 30より　5　おおきい　かずは 　□

③ 49より　1　おおきい　かずは 　□

④ 88より　3　ちいさい　かずは 　□

⑤ 74より　4　ちいさい　かずは 　□

⑥ 100より　1　ちいさい　かずは 　□

⑦ 100より　10　ちいさい　かずは 　□

② 　おおきい　ほうに　○を　つけましょう。

①

②

③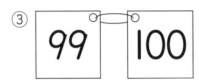

④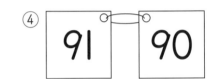

③ 　□に　あてはまる　かずを　かきましょう。

①

95　□　97　98　□　□

② 75　80　□　90　□　□

③ □　99　98　□　96　□

④

50　□　70　80　□　□

86

おおきい　かず（8）

なまえ

● たまごの　かずを　かぞえましょう。

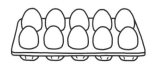
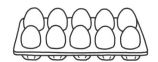
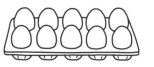
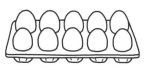
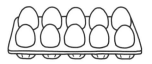
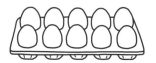
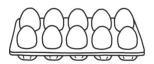
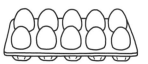
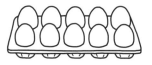
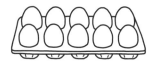

こ

おおきい　かず（9）

なまえ

● なんぼん　ありますか。□に　あてはまる　かずを
かきましょう。

①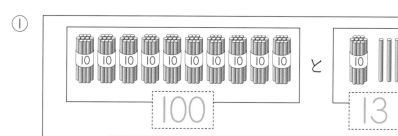

100　と　13

ひゃくじゅうさん　113

②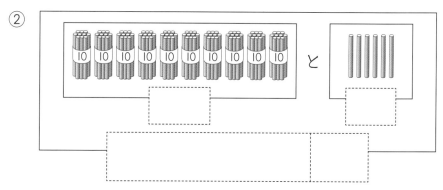

③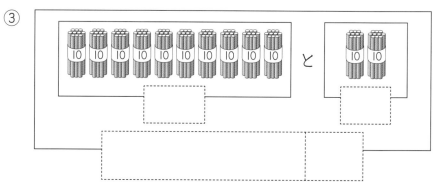

87

おおきい　かず（10）

なまえ

● □に　あてはまる　かずを　かきましょう。

①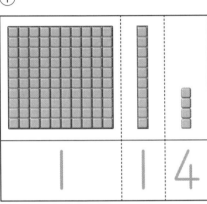

②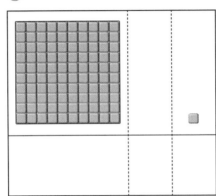

③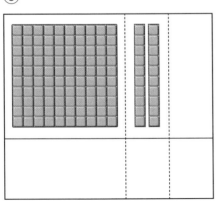

④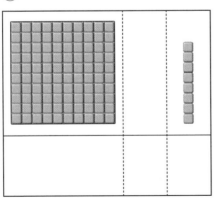

おおきい　かず（11）

せんむすび

なまえ

● 1から　100まで　じゅんばんに　せんで　つなぎましょう。

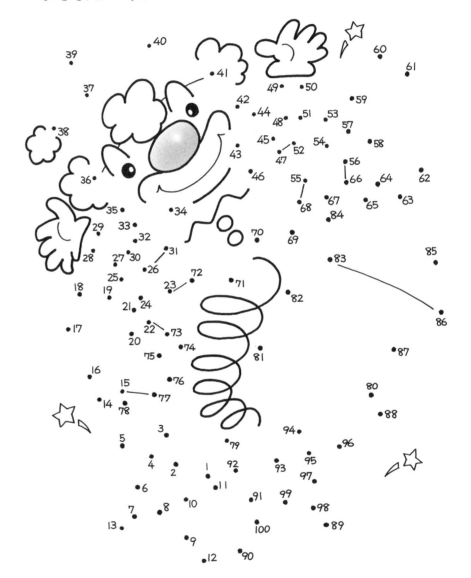

なまえ

● つぎの かずのせんを みて かんがえましょう。

0　10　20　30　40　50　60　70　80　90　100　110　120

① □に あてはまる かずを かきましょう。

① 100が 1こと, 10が 1こと, 1が 3こで □

② 100が 1こと, 10が 2こで □

③ 117は, 100が □こと, 10が □こと, 1が □こ

④ 102は, 100が □こと, 1が □こ

⑤ 100より 18 おおきい かずは □

⑥ 110より 5 おおきい かずは □

⑦ 120より 1 ちいさい かずは □

⑧ 120より 10 ちいさい かずは □

② おおきい ほうに ○を つけましょう。

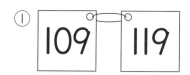　

③ □に あてはまる かずを かきましょう。

① 98　99　□　□　□　103

② 95　□　□　110　115　□

③ □　80　90　□　110　□

④ □　119　118　□　□　115

おおきい　かず（13）

かんたんな　2けたの　たしざん①

なまえ

① 30 + 40 =　　② 20 + 20 =

③ 10 + 10 =　　④ 40 + 50 =

⑤ 40 + 10 =　　⑥ 80 + 20 =

⑦ 60 + 3 =　　⑧ 50 + 7 =

⑨ 90 + 9 =　　⑩ 70 + 8 =

⑪ 40 + 2 =　　⑫ 20 + 5 =

⑬ 16 + 3 =　　⑭ 54 + 4 =

⑮ 43 + 5 =　　⑯ 37 + 1 =

⑰ 85 + 2 =　　⑱ 62 + 4 =

めいろは，こたえの　おおきい　ほうを　とおりましょう。とおった　こたえを　したの　□に　かきましょう。

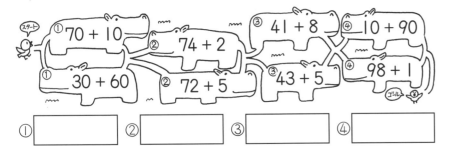

おおきい　かず（14）

かんたんな　2けたの　たしざん②

なまえ

① 30 + 40 =　　② 50 + 30 =

③ 10 + 20 =　　④ 80 + 10 =

⑤ 20 + 30 =　　⑥ 60 + 40 =

⑦ 90 + 8 =　　⑧ 20 + 5 =

⑨ 60 + 4 =　　⑩ 80 + 7 =

⑪ 30 + 6 =　　⑫ 10 + 9 =

⑬ 74 + 2 =　　⑭ 22 + 5 =

⑮ 41 + 7 =　　⑯ 93 + 2 =

⑰ 36 + 3 =　　⑱ 65 + 1 =

めいろは，こたえの　おおきい　ほうを　とおりましょう。とおった　こたえを　したの　□に　かきましょう。

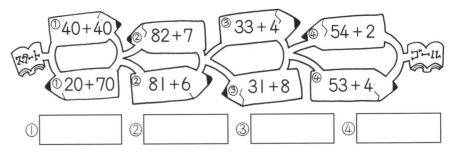

おおきい　かず（15）
かんたんな　2けたの　ひきざん①　　なまえ _____

① $80 - 50 =$　　　② $50 - 20 =$

③ $90 - 30 =$　　　④ $30 - 10 =$

⑤ $40 - 20 =$　　　⑥ $100 - 10 =$

⑦ $55 - 5 =$　　　⑧ $77 - 7 =$

⑨ $44 - 4 =$　　　⑩ $99 - 9 =$

⑪ $66 - 6 =$　　　⑫ $22 - 2 =$

⑬ $38 - 4 =$　　　⑭ $83 - 2 =$

⑮ $94 - 1 =$　　　⑯ $56 - 3 =$

⑰ $69 - 6 =$　　　⑱ $47 - 5 =$

めいろは，こたえの　おおきい　ほうを　とおりましょう。とおった　こたえを　したの　□　に　かきましょう。

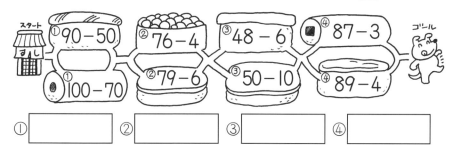

スタート　①$90-50$　②$76-4$　③$48-6$　④$87-3$　ゴール
①$100-70$　②$79-6$　③$50-10$　④$89-4$

①　　②　　③　　④

おおきい　かず（16）
かんたんな　2けたの　ひきざん②　　なまえ _____

① $50 - 30 =$　　　② $60 - 20 =$

③ $90 - 10 =$　　　④ $70 - 40 =$

⑤ $80 - 20 =$　　　⑥ $100 - 30 =$

⑦ $88 - 8 =$　　　⑧ $33 - 3 =$

⑨ $55 - 5 =$　　　⑩ $66 - 6 =$

⑪ $99 - 9 =$　　　⑫ $77 - 7 =$

⑬ $48 - 7 =$　　　⑭ $35 - 4 =$

⑮ $89 - 6 =$　　　⑯ $64 - 3 =$

⑰ $57 - 5 =$　　　⑱ $26 - 2 =$

めいろは，こたえの　おおきい　ほうを　とおりましょう。とおった　こたえを　したの　□　に　かきましょう。

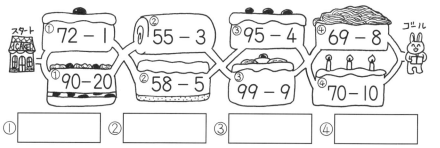

スタート　①$72-1$　②$55-3$　③$95-4$　④$69-8$　ゴール
①$90-20$　②$58-5$　③$99-9$　④$70-10$

①　　②　　③　　④

ふりかえりテスト おおきい かず

なまえ ＿＿＿＿＿＿＿

① かずを かぞえましょう。(7)

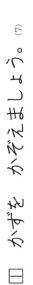

□こ

② いくつですか。すうじと よみを かきましょう。(2×7)

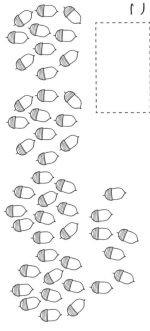

① すうじ [　　] よみ よんじゅうさん

② すうじ [　　] よみ [　　]

③ すうじ [　　] よみ [　　]

④ すうじ [　　] よみ [　　]

③ かずの おおきい ほうに ○を つけましょう。(4×4)

① 57　75　　② 81　80

③ 99　101　　④ 120　112

④ □に かずを かきましょう。(3×7)

① 10が 9こと 1が 6こで □

② 10が 10こで □

③ 68は、10が □こと 1が □

④ 90は、10が □

⑤ 100は、99より □ おおきい

⑥ 十のくらいが 9、一のくらいが 3の かずは □

⑤ □に あてはまる かずを かきましょう。(6×3)

① 80 □ 90 95 □

② □ 99 97 96 □

③ 80 90 □ 110 □

⑥ けいさんを しましょう。(3×8)

① 40 ＋ 20 ＝

② 30 ＋ 70 ＝

③ 80 ＋ 4 ＝

④ 64 ＋ 3 ＝

⑤ 90 － 40 ＝

⑥ 100 － 20 ＝

⑦ 55 － 5 ＝

⑧ 78 － 6 ＝

92

どちらが　ひろい　(1)

● ひろい　じゅんに　ばんごうを　かきましょう。

① 　　

（　　　）　　（　　　）　　（　　　）

② 　　

（　　　）　　（　　　）　　（　　　）

③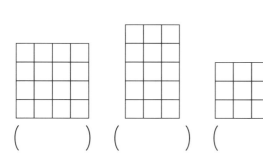

（　　　）　（　　　）　（　　　）　（　　　）

どちらが　ひろい　(2)

① ひろい　ほうに　○を　しましょう。

① ▨の　かずで　くらべましょう。

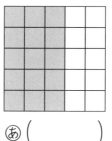　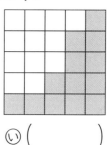

あ（　　　）　　　い（　　　）

② △の　かずで　くらべましょう。

　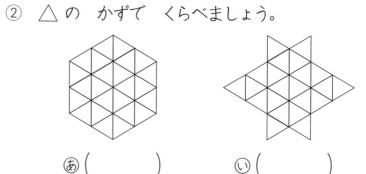

あ（　　　）　　　い（　　　）

② ひろい　じゅんに　ばんごうを　かきましょう。
　　▨の　かずで　くらべましょう。

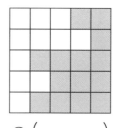　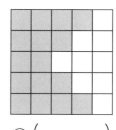　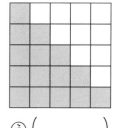

あ（　　　）　　い（　　　）　　う（　　　）

なんじなんぷん（1）

● とけいを　よみましょう。

① （　）じ（　　）ぷん

② （　）じ（　　）ぷん

③ （　）じ（　　）ふん

④ （　）じ（　　）ふん

⑤ （　）じ（　　）ぷん

⑨ （　）じ（　　）ふん

⑧ （　）じ（　　）ふん

⑦ （　）じ（　　）ぷん

⑥ （　）じ（　　）ふん

94

なんじなんぷん（2）

なまえ

● なんじなんぷんでしょう。

① （　）じ（　）ふん

② （　）じ（　）ぷん

③ （　）じ（　）ぷん

④ （　）じ（　）ぷん

⑤ （　）じ（　）ふん

⑥ （　）じ（　）ぷん

⑦ （　）じ（　）ぷん

⑧ （　）じ（　）ふん

⑨ （　）じ（　）ぷん

なんじなんぷん（3）

なまえ

● なんじなんぷんでしょう。

① （　）じ（　）ぷん

② （　）じ（　）ふん

③ （　）じ（　）ふん

④ （　）じ（　）ふん

⑤ （　）じ（　）ぷん

⑥ （　）じ（　）ふん

⑦ （　）じ（　）ふん

⑧ （　）じ（　）ぷん

⑨ （　）じ（　）ぷん

なんじなんぷん（4）

● なんじなんぷんでしょう。

①

②

③

（　）じ（　）ぷん　（　）じ（　）ぷん　（　）じ（　）ぷん

④

⑤

⑥

（　）じ（　）ふん　（　）じ（　）ぷん　（　）じ（　）ぷん

⑦

⑧

⑨

（　）じ（　）ふん　（　）じ（　）ふん　（　）じ（　）ぷん

なんじなんぷん（5）

● なんじなんぷんでしょう。

①

②

③

（　）じ（　）ふん　（　）じ（　）ふん　（　）じ（　）ぷん

④

⑤

⑥

（　）じ（　）ふん　（　）じ（　）ふん　（　）じ（　）ぷん

⑦

⑧

⑨

（　）じ（　）ふん　（　）じ（　）ふん　（　）じ（　）ぷん

どんな しきに なるかな (1)

より おおい

なまえ

● ずを かいて かんがえましょう。

① えりさんは あめを 7こ もって います。まゆさんは
えりさんより 5こ おおく もって います。まゆさんは
あめを なんこ もって いますか。

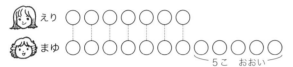

しき

こたえ

② あかい おりがみが 8まい あります。あおい おりがみは
あかい おりがみより 6まい おおいです。あおい おりがみは
なんまい ありますか。

しき

こたえ

③ いもほりで ぼくは 7こ, おにいさんは ぼくより 9こ
おおく いもを ほりました。おにいさんは なんこ
ほったでしょうか。

しき

こたえ

どんな しきに なるかな (2)

より すくない

なまえ

● ずを かいて かんがえましょう。

① はたけで トマトを 11こ とりました。ピーマンは,
トマトより 6こ すくなく とりました。ピーマンは なんこ
とったでしょうか。

しき

こたえ

② たまいれを しました。あかぐみは 15こ はいりました。
しろぐみは あかぐみより 6こ すくなかったです。
しろぐみは なんこ はいったでしょうか。

しき

こたえ

③ ゲームを しました。けんさんは 14てん, れいさんは
けんさんより 6てん すくない てんすうでした。れいさんは
なんてんだったでしょうか。

しき

こたえ

どんな しきに なるかな (3)

なまえ ＿＿＿＿＿＿＿＿＿＿＿＿＿＿＿

より おおい より すくない①

● ずを かいて かんがえましょう。

□1 とんぼを 6ぴき つかまえました。せみは とんぼより 8ぴき おおく つかまえました。 せみは なんびき つかまえましたか。

しき

こたえ ＿＿＿＿＿＿＿＿＿＿

□2 かだんに あかい はなが 13ぼん さいて います。 しろい はなは あかい はなより 6ぽん すくないです。 しろい はなは なんぼん さいて いますか。

しき

こたえ ＿＿＿＿＿＿＿＿＿＿

□3 わたしは 8さいです。 おねえさんは わたしより 3さい としうえです。 おねえさんは なんさいですか。

しき

こたえ ＿＿＿＿＿＿＿＿＿＿

どんな しきに なるかな (4)

なまえ ＿＿＿＿＿＿＿＿＿＿＿＿＿＿＿

より おおい より すくない②

● ずを かいて かんがえましょう。

□1 スプーンが 17ほん あります。フォークは スプーンより 8ぽん すくないです。 フォークは なんぼん ありますか。

しき

こたえ ＿＿＿＿＿＿＿＿＿＿

□2 りょうさんは さかなを 7ひき つりました。おにいさんは りょうさんより 8ぴき おおく つりました。おにいさんは なんびき つりましたか。

しき

こたえ ＿＿＿＿＿＿＿＿＿＿

□3 おりがみで つるを おりました。 あみさんは 12こ おりました。 いもうとは あみさんより 4こ すくなく おりました。 いもうとは なんこ おりましたか。

しき

こたえ ＿＿＿＿＿＿＿＿＿＿

どんな しきに なるかな (5)
なんばんめ① なまえ

● ずを かいて かんがえましょう。

① こどもが 12にん ならんで います。りこさんは まえから
7ばんめです。りこさんの うしろに なんにん いますか。

しき

こたえ _____

② こどもが いちれつに ならんで います。なおさんは
まえから 6ばんめです。うしろに 5にん います。
ぜんぶで なんにん いますか。

しき

こたえ _____

③ いちれつに ならんで います。わたしの まえに 5にん,
わたしの うしろに 7にん います。ぜんぶで なんにん
いますか。

しき

こたえ _____

どんな しきに なるかな (6)
なんばんめ② なまえ

● ずを かいて かんがえましょう。

① 15にんの こどもが いちれつに ならんで います。
たいちさんは まえから 7ばんめです。 たいちさんの
うしろには なんにん いますか。

しき

こたえ _____

② バスていに ひとが ならんで います。みゆさんは まえから
9ばんめに います。みゆさんの うしろに 4にん います。
ぜんぶで なんにん いますか。

しき

こたえ _____

③ かけっこを しました。わたしの まえに 3にん, わたしの
うしろに 4にん います。ぜんぶで なんにん いますか。

しき

こたえ _____

どんな しきに なるかな (7)

なまえ _____

● ずを つかって かんがえましょう。

① いちれつに ならんで います。 さやさんは まえから 3ばんめに います。 さやさんの うしろに 7にん います。 みんなで なんにん いますか。

しき

こたえ _____

② こどもが 13にん ならんで います。 けんたさんは まえから 8ばんめに います。 けんたさんの うしろには なんにん いますか。

しき

こたえ _____

③ バスていに ひとが ならんで います。 りえさんの まえに 6にん います。 りえさんの うしろに 5にん います。 みんなで なんにん ならんで いますか。

しき

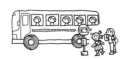

こたえ _____

どんな しきに なるかな (8)

なまえ _____

● ずを つかって かんがえましょう。

① ゆうえんちで ひとが ならんで います。 ありささんの まえに 4にん います。 ありささんの うしろに 5にん います。 ぜんぶで なんにん ならんで いますか。

しき

こたえ _____

② こどもが いちれつに ならんで います。 じゅんさんは まえから 9ばんめに います。 じゅんさんの うしろには 4にん います。 こどもは みんなで なんにん いますか。

しき

こたえ _____

③ きっぷうりばで 14にん ならんで います。 はるさんは まえから 8ばんめに います。 はるさんの うしろには なんにん いますか。

しき

こたえ _____

ふりかえりテスト　どんな しきに なるかな

なまえ

● ずを かいて かんがえましょう。

1 すいそうに かえるが 8ぴき います。めだかは かえるより 7ひき おおく います。めだかは なんびき いますか。(13)

しき

こたえ

2 さくらさんは 12さいです。おとうとは さくらさんより 5さい としたです。おとうとは なんさいですか。(13)

しき

こたえ

3 けんさんは こうていを 11しゅう はしりました。ゆうさんは けんさんより 3しゅう すくなく はしりました。ゆうさんは なんしゅう はしりましたか。(13)

しき

こたえ

4 はたけで きのう いちごが 4こ とれました。きょうは きのうより 8こ おおく とれました。きょうは いちごが なんこ とれましたか。(13)

しき

こたえ

5 はんで いちれつに ならびました。れおさんは まえから 7ばんめで うしろに 4にん います。はんは みんなで なんにん いますか。(16)

しき

こたえ

6 バスていに ひとが 13にん ならんで います。なつきさんは まえから 6ばんめに います。なつきさんの うしろには なんにん いますか。(16)

しき

こたえ

7 ふうせんを くばって いる れつに ならびました。たいきさんの まえに 5にん います。たいきさんの うしろに 6にん います。ぜんぶで なんにん ならんで いますか。(16)

しき

こたえ

かたちづくり（1）

なまえ

● ◢ は なんこ あるかな。れいの ように せんを
ひいて （ ）に かずを かきましょう。

れい （ 2 ）こ　①（ 　 ）こ　②（ 　 ）こ

③（ 　 ）こ　④（ 　 ）こ

かたちづくり（2）

なまえ

① ・と ・を せんで つないで，いろいろな かたちを
つくりましょう。

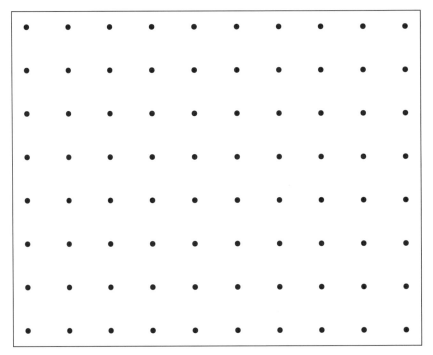

② したの かたちは ⓐの いろいたが なんまいで
できますか。

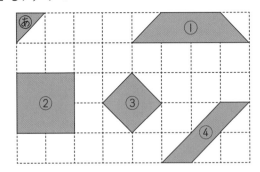

①（ 　 ）まい

②（ 　 ）まい

③（ 　 ）まい

④（ 　 ）まい

102

P.2

5までの　かず（1）　なかまあつめ　　なまえ

● なかまの　かずだけ　◯に　いろを　ぬりましょう。□に　かずを　かきましょう。

 ●◯◯◯◯ 　**1**

 ●●●●● 　**5**

 ●●●◯◯ 　**3**

 ●●●●◯ 　**4**

 ●●◯◯◯ 　**2**

P.3

5までの　かず（2）　　なまえ

● えの　かずだけ　◯に　いろを　ぬりましょう。
すうじを　かきましょう。

① ●◯◯◯◯　**1** **1** **1**

② ●●◯◯◯　**2** **2** **2**

③ ●●●◯◯　**3** **3** **3**

④ ●●●●◯　**4** **4** **4**

⑤ ●●●●●　**5** **5** **5**

5までの　かず（3）　　なまえ

● すうじの　かずだけ　えに　いろを　ぬりましょう。

 **3**

1 　　**3**

5 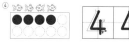　　**4**

2

P.4

5までの　かず（4）　　なまえ

● えの　かずの　すうじを　かきましょう。

① 🚌　**1** **1** **1**

② 🐧🐧　**2** **2** **2**

③ 🍊🍊🍊　**3** **3** **3**

④ 🍭🍭🍭🍭　**4** **4** **4**

⑤ 🎈🎈🎈🎈🎈　**5** **5** **5**

5までの　かず（5）　　なまえ

● すうじを　かきましょう。

1 **1** **1** **1** **1**

2 **2** **2** **2** **2**

3 **3** **3** **3** **3**

4 **4** **4** **4** **4**

5 **5** **5** **5** **5**

P.5

10までの　かず（1）　なかまあつめ　　なまえ

● なかまの　かずだけ　◯に　いろを　ぬりましょう。□に　かずを　かきましょう。

 **6**

10

7

 **8**

9

P.6

10までの かず（2） なまえ

● えの かずだけ ○に いろを ぬりましょう。
　 すうじを かきましょう。

① 6 6 6
② 7 7 7
③ 8 8 8
④ 9 9 9
⑤ 10 10 10

10までの かず（3） なまえ

● えの かずだけ □に かずを かきましょう。

7 ／ 10
9 ／ 7
9 ／ 8
6 ／ 8

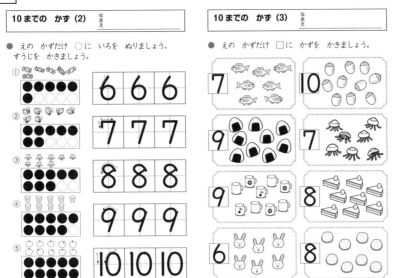

P.7

10までの かず（4） なまえ

● えの かずの すうじを かきましょう。

① 6 6 6
② 7 7 7
③ 8 8 8
④ 9 9 9
⑤ 10 10 10

10までの かず（5） なまえ

● すうじを かきましょう。

6 6 6 6 6
7 7 7 7 7
8 8 8 8 8
9 9 9 9 9
10 10 10 10 10 10

P.8

10までの かず（6） なまえ
どちらが おおい

● せんを ひいて くらべましょう。おおい かずだけ
　 えを ○で かこみましょう。

①
②
③

10までの かず（7） なまえ
どちらが おおい

● どちらが おおいでしょう。おおい ほうの □に
　 ○を しましょう。

①
②
③

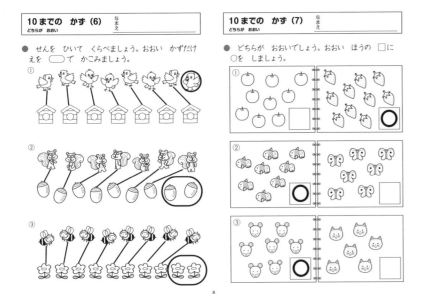

P.9

10までの かず（8） なまえ

① おおきい ほうに ○を つけましょう。

① ⑧ 7　② 6 ⑨　③ ⑥ 5
④ ⑩ 9　⑤ ⑤ 3　⑥ 8 ⑨
⑦ ③ 2　⑧ ⑦ 6

② □に かずを かきましょう。

① 1 2 3 4 5
② 6 7 8 9 10

10までの かず（9） なまえ
0の かず

① すうじを かきましょう。

3 2 0
0 0 0 0

② □に かずを かきましょう。

① きんぎょの かず
3 2 1 0

② みかんの かず
4 0 3

P.10

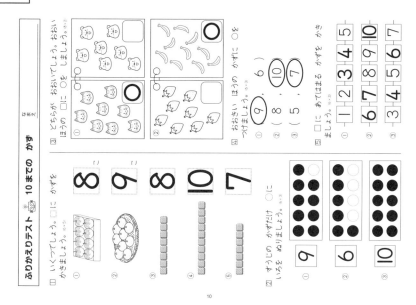

P.11

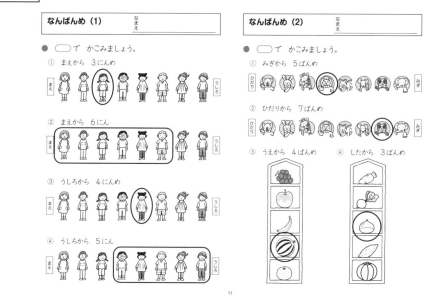

P.12

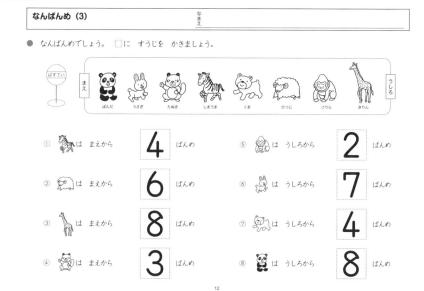

P.13

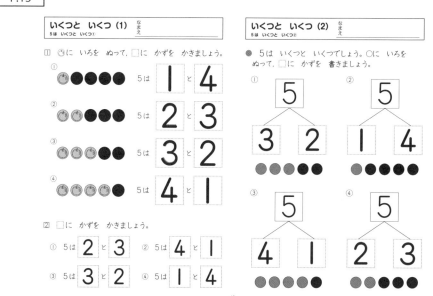

解答

児童に実施させる前に，必ず指導される方が問題を解いてください。本書の解答は，あくまでも1つの例です。指導される方の作られた解答をもとに，本書の解答例を参考に児童の多様な考えに寄り添って○つけをお願いします。

P.14

いくつと いくつ (3) なまえ
6は いくつと いくつ

① 6は いくつと いくつでしょう。○に いろを ぬって，□に あてはまる かずを かきましょう。

① ●●●●● 　1 と 5
② ●●●● 　4 と 2
③ ●●● 　3 と 3
④ ●●●●● 　5 と 1
⑤ ●●●● 　2 と 4

② ○に あう かずを かきましょう。
① 6 → 2, 4
② 6 → 3, 3
③ 6 → 5, 1
④ 6 → 1, 5
⑤ 6 → 4, 2

いくつと いくつ (4) なまえ
7は いくつと いくつ

① 7は いくつと いくつでしょう。○に いろを ぬって，□に あてはまる かずを かきましょう。

① 　1 と 6
② 　4 と 3
③ 　2 と 5
④ 　6 と 1
⑤ 　3 と 4
⑥ 　5 と 2

② ○に あう かずを かきましょう。
① 7 → 5, 2
② 7 → 4, 3
③ 7 → 6, 1
④ 7 → 3, 4
⑤ 7 → 1, 6
⑥ 7 → 2, 5
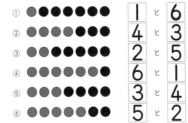
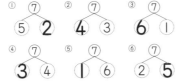

P.15

いくつと いくつ (5) なまえ
8は いくつと いくつ

① 8は いくつと いくつでしょう。○に いろを ぬって，□に あてはまる かずを かきましょう。

① 　3 と 5
② 　5 と 3
③ 　1 と 7
④ 　4 と 4
⑤ 　7 と 1
⑥ 　2 と 6
⑦ 　6 と 2

② ○に あう かずを かきましょう。
① 8 → 6, 2
② 8 → 1, 7
③ 8 → 4, 4
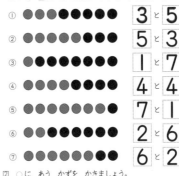

いくつと いくつ (6) なまえ
9は いくつと いくつ

① 9は いくつと いくつでしょう。○に いろを ぬって，□に あてはまる かずを かきましょう。

① 　5 と 4
② 　2 と 7
③ 　7 と 2
④ 　1 と 8
⑤ 　4 と 5
⑥ 　3 と 6
⑦ 　8 と 1
⑧ 　6 と 3

② ○に あう かずを かきましょう。
① 9 → 2, 7
② 9 → 3, 6
③ 9 → 4, 5
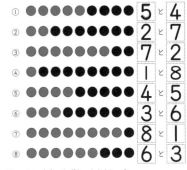
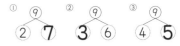

P.16

いくつと いくつ (7) なまえ
10は いくつと いくつ①

① 10は いくつと いくつでしょう。○に いろを ぬって，□に あてはまる かずを かきましょう。

① 　3 と 7
② 　8 と 2
③ 　5 と 5
④ 　7 と 3
⑤ 　2 と 8
⑥ 　9 と 1
⑦ 　4 と 6
⑧ 　1 と 9
⑨ 　6 と 4

いくつと いくつ (8) なまえ
10は いくつと いくつ②

● ○に あう かずを かきましょう。
① 10 → 6, 4
② 10 → 1, 9
③ 10 → 2, 8
④ 10 → 7, 3
⑤ 10 → 5, 5
⑥ 10 → 3, 7
⑦ 10 → 9, 1
⑧ 10 → 4, 6
⑨ 10 → 8, 2
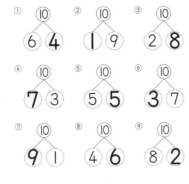
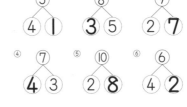
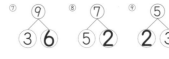

P.17

いくつと いくつ (9) なまえ

● ○に あう かずを かきましょう。
① 5 → 4, 1
② 8 → 3, 5
③ 9 → 2, 7
④ 7 → 4, 3
⑤ 10 → 2, 8
⑥ 6 → 4, 2
⑦ 9 → 3, 6
⑧ 5 → 2, 3
⑨ 6 → 4, 2
⑩ 10 → 1, 9

いくつと いくつ (10) なまえ

● ○に あう かずを かきましょう。
① 8 → 6, 2
② 10 → 6, 4
③ 5 → 2, 3
④ 6 → 3, 3
⑤ 7 → 6, 1
⑥ 9 → 4, 5
⑦ 8 → 4, 4
⑧ 6 → 1, 5
⑨ 10 → 3, 7
⑩ 10 → 5, 5
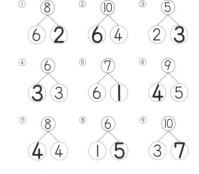

P.18

5までの たしざん (1)

① 2 + 1 = **3**
② 3 + 2 = **5**
③ 1 + 4 = **5**
④ 4 + 1 = **5**
⑤ 3 + 1 = **4**
⑥ 2 + 2 = **4**
⑦ 2 + 3 = **5**
⑧ 1 + 3 = **4**

5までの たしざん (2)

① 3 + 1 = **4**　　② 2 + 1 = **3**
③ 2 + 3 = **5**　　④ 1 + 1 = **2**
⑤ 1 + 4 = **5**　　⑥ 2 + 2 = **4**
⑦ 2 + 1 = **3**　　⑧ 3 + 2 = **5**
⑨ 1 + 3 = **4**　　⑩ 4 + 1 = **5**
⑪ 3 + 2 = **5**　　⑫ 1 + 2 = **3**
⑬ 1 + 2 = **3**　　⑭ 3 + 1 = **4**

めいろは、こたえの おおきい ほうを とおりましょう。とおった こたえを したの □ に かきましょう。

① **4**　② **4**　③ **3**　④ **5**

P.19

5までの たしざん (3)

① 1 + 3 = **4**　　② 2 + 2 = **4**
③ 2 + 3 = **5**　　④ 4 + 1 = **5**
⑤ 2 + 1 = **3**　　⑥ 3 + 1 = **4**
⑦ 1 + 1 = **2**　　⑧ 2 + 3 = **5**
⑨ 4 + 1 = **5**　　⑩ 1 + 2 = **3**
⑪ 3 + 1 = **4**　　⑫ 3 + 2 = **5**
⑬ 2 + 2 = **4**　　⑭ 1 + 4 = **5**

めいろは、こたえの おおきい ほうを とおりましょう。とおった こたえを したの □ に かきましょう。

① **5**　② **4**　③ **5**　④ **5**

5までの たしざん (4)

① 3 + 2 = **5**　　② 3 + 1 = **4**
③ 4 + 1 = **5**　　④ 1 + 2 = **3**
⑤ 1 + 3 = **4**　　⑥ 2 + 3 = **5**
⑦ 2 + 2 = **4**　　⑧ 2 + 1 = **3**
⑨ 1 + 2 = **3**　　⑩ 3 + 2 = **5**
⑪ 1 + 1 = **2**　　⑫ 1 + 4 = **5**
⑬ 2 + 3 = **5**　　⑭ 3 + 1 = **4**

① **4**　② **5**　③ **3**　④ **5**

P.20

10までの たしざん (1)
5 + ○、6 + ○

① 5 + 1 = **6**
② 5 + 2 = **7**
③ 5 + 3 = **8**
④ 5 + 4 = **9**
⑤ 5 + 5 = **10**
⑥ 6 + 1 = **7**
⑦ 6 + 2 = **8**
⑧ 6 + 3 = **9**
⑨ 6 + 4 = **10**

10までの たしざん (2)
7 + ○、8 + ○、9 + ○

① 7 + 1 = **8**
② 7 + 2 = **9**
③ 7 + 3 = **10**
④ 8 + 1 = **9**
⑤ 8 + 2 = **10**
⑥ 9 + 1 = **10**

P.21

10までの たしざん (3)

① 6 + 2 = **8**　　② 2 + 5 = **7**
③ 1 + 6 = **7**　　④ 4 + 4 = **8**
⑤ 7 + 2 = **9**　　⑥ 2 + 4 = **6**
⑦ 4 + 5 = **9**　　⑧ 3 + 3 = **6**
⑨ 2 + 6 = **8**　　⑩ 1 + 8 = **9**
⑪ 3 + 4 = **7**　　⑫ 9 + 1 = **10**
⑬ 7 + 3 = **10**　　⑭ 5 + 3 = **8**

めいろは、こたえの おおきい ほうを とおりましょう。とおった こたえを したの □ に かきましょう。

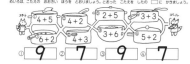

① **9**　② **7**　③ **9**　④ **7**

10までの たしざん (4)

① 5 + 4 = **9**　　② 2 + 8 = **10**
③ 8 + 1 = **9**　　④ 6 + 2 = **8**
⑤ 4 + 6 = **10**　　⑥ 1 + 7 = **8**
⑦ 5 + 2 = **7**　　⑧ 4 + 2 = **6**
⑨ 5 + 1 = **6**　　⑩ 4 + 3 = **7**
⑪ 1 + 5 = **6**　　⑫ 3 + 5 = **8**
⑬ 7 + 1 = **8**　　⑭ 3 + 6 = **9**

めいろは、こたえの おおきい ほうを とおりましょう。とおった こたえを したの □ に かきましょう。

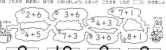

① **9**　② **10**　③ **9**　④ **9**

P.22

10までの たしざん (5)　なまえ

① 2+6=8　② 4+5=9
③ 8+2=10　④ 5+1=6
⑤ 8+1=9　⑥ 2+5=7
⑦ 4+4=8　⑧ 7+3=10
⑨ 1+5=6　⑩ 4+6=10
⑪ 4+3=7　⑫ 6+2=8
⑬ 3+3=6　⑭ 2+7=9

めいろは、こたえの おおきい ほうを とおりましょう。とおった こたえを したの □に かきましょう。

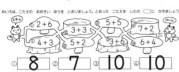

① 8　② 7　③ 10　④ 10

10までの たしざん (6)　なまえ

① 9+1=10　② 5+4=9
③ 6+3=9　④ 7+1=8
⑤ 3+7=10　⑥ 5+5=10
⑦ 7+2=9　⑧ 6+1=7
⑨ 3+4=7　⑩ 4+2=6
⑪ 2+8=10　⑫ 5+3=8
⑬ 2+4=6　⑭ 1+6=7

めいろは、こたえの おおきい ほうを とおりましょう。とおった こたえを したの □に かきましょう。

① 9　② 10　③ 9　④ 10

22

P.23

10までの たしざん (7)　なまえ

① 1+8=9　② 2+4=6
③ 6+1=7　④ 3+5=8
⑤ 8+2=10　⑥ 7+2=9
⑦ 3+7=10　⑧ 9+1=10
⑨ 1+7=8　⑩ 3+3=6
⑪ 4+3=7　⑫ 6+4=10
⑬ 3+6=9　⑭ 5+2=7

めいろは、こたえの おおきい ほうを とおりましょう。とおった こたえを したの □に かきましょう。

① 10　② 8　③ 10　④ 9

10までの たしざん (8)　なまえ

① 1+5=6　② 2+7=9
③ 4+5=9　④ 5+3=8
⑤ 1+9=10　⑥ 2+8=10
⑦ 7+3=10　⑧ 6+2=8
⑨ 8+1=9　⑩ 5+5=10
⑪ 3+4=7　⑫ 2+6=8
⑬ 5+4=9　⑭ 4+2=6

めいろは、こたえの おおきい ほうを とおりましょう。とおった こたえを したの □に かきましょう。

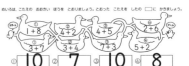

① 10　② 7　③ 10　④ 8

23

P.24

10までの たしざん (9)　なまえ
0の たしざん

● たまいれを しました。□に あてはまる かずを かきましょう。

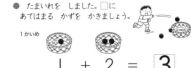

1かいめ

1 + 2 = 3

2かいめ

3 + 0 = 3

3かいめ
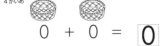
0 + 4 = 4

4かいめ
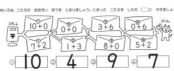
0 + 0 = 0

10までの たしざん (10)　なまえ

① 0+3=3　② 4+6=10
③ 8+0=8　④ 0+7=7
⑤ 0+10=10　⑥ 6+3=9
⑦ 0+0=0　⑧ 7+1=8
⑨ 6+0=6　⑩ 4+5=9
⑪ 1+8=9　⑫ 3+3=6
⑬ 4+4=8　⑭ 9+0=9

めいろは、こたえの おおきい ほうを とおりましょう。とおった こたえを したの □に かきましょう。

① 10　② 4　③ 9　④ 7

24

P.25

10までの たしざん (11)　なまえ
ぶんしょうだい①

① きの うえに とりが 7わ とまって います。3わ とんで きました。とりは、ぜんぶで なんわに なりましたか。

しき 7+3=10
こたえ 10わ

② あかい はなが 4ほん、しろい はなが 5ほん あります。はなは、あわせて なんぼんですか。
しき 4+5=9
こたえ 9ほん

③ おりがみが 6まい あります。おねえさんから 2まい もらいました。おりがみは、ぜんぶで なんまいに なりましたか。
しき 6+2=8
こたえ 8まい

10までの たしざん (12)　なまえ
ぶんしょうだい②

① りすが きの うえに 5ひき、きの したに 2ひき います。りすは、あわせて なんびきですか。

しき 5+2=7
こたえ 7ひき

② こどもが 6にん います。そこへ、3にん きました。こどもは、みんなで なんにんに なりましたか。

しき 6+3=9
こたえ 9にん

③ いちごの けえきが 4こ、くりの けえきが 3こ あります。けえきは、ぜんぶで なんこ ありますか。

しき 4+3=7
こたえ 7こ

25

P.26

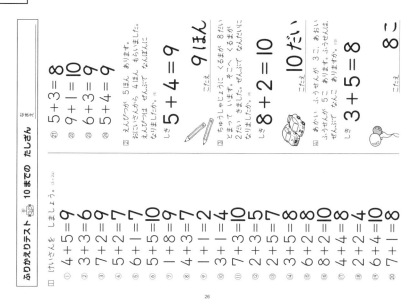

ふりかえりテスト② 10までの たしざん

けいさんを しましょう。
① 4+5=9
② 3+3=6
③ 7+2=9
④ 5+2=7
⑤ 6+1=7
⑥ 5+5=10
⑦ 1+8=9
⑧ 4+3=7
⑨ 1+1=2
⑩ 3+1=4
⑪ 7+3=10
⑫ 2+5=7
⑬ 2+3=5
⑭ 3+5=8
⑮ 6+2=8
⑯ 8+2=10
⑰ 4+4=8
⑱ 2+2=4
⑲ 6+4=10
⑳ 7+1=8

㉑ 5+3=8
㉒ 9+1=10
㉓ 6+3=9
㉔ 5+4=9

② しき 5+4=9　こたえ 9ほん
③ しき 8+2=10　こたえ 10だい
④ しき 3+5=8　こたえ 8こ

P.27

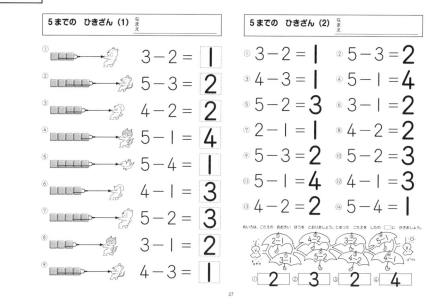

5までの ひきざん (1)
① 3-2=1
② 5-3=2
③ 4-2=2
④ 5-1=4
⑤ 5-4=1
⑥ 4-1=3
⑦ 5-2=3
⑧ 3-1=2
⑨ 4-3=1

5までの ひきざん (2)
① 3-2=1　② 5-3=2
③ 4-3=1　④ 5-1=4
⑤ 5-2=3　⑥ 3-1=2
⑦ 2-1=1　⑧ 4-2=2
⑨ 5-3=2　⑩ 5-2=3
⑪ 5-1=4　⑫ 4-1=3
⑬ 4-2=2　⑭ 5-4=1

めいろは、こたえの おおきい ほうを とおりましょう。とおった こたえを したの □に かきましょう。
① 2　② 3　③ 2　④ 4

P.28

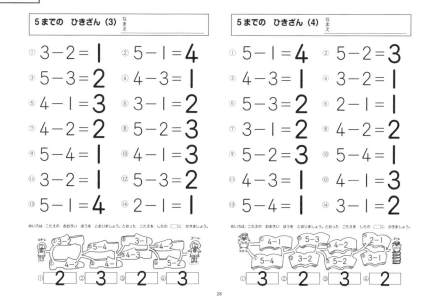

5までの ひきざん (3)
① 3-2=1　② 5-1=4
③ 5-3=2　④ 4-3=1
⑤ 4-1=3　⑥ 3-1=2
⑦ 4-2=2　⑧ 5-2=3
⑨ 5-4=1　⑩ 4-1=3
⑪ 3-2=1　⑫ 5-3=2
⑬ 5-1=4　⑭ 2-1=1

めいろは、こたえの おおきい ほうを とおりましょう。とおった こたえを したの □に かきましょう。
① 2　② 3　③ 2　④ 3

5までの ひきざん (4)
① 5-1=4　② 5-2=3
③ 4-3=1　④ 3-2=1
⑤ 5-3=2　⑥ 2-1=1
⑦ 3-1=2　⑧ 4-2=2
⑨ 5-2=3　⑩ 5-4=1
⑪ 4-3=1　⑫ 4-1=3
⑬ 5-4=1　⑭ 3-1=2

めいろは、こたえの おおきい ほうを とおりましょう。とおった こたえを したの □に かきましょう。
① 3　② 2　③ 3　④ 2

P.29

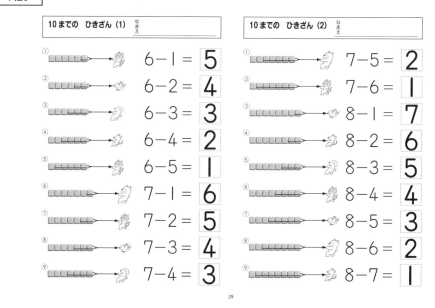

10までの ひきざん (1)
① 6-1=5
② 6-2=4
③ 6-3=3
④ 6-4=2
⑤ 6-5=1
⑥ 7-1=6
⑦ 7-2=5
⑧ 7-3=4
⑨ 7-4=3

10までの ひきざん (2)
① 7-5=2
② 7-6=1
③ 8-1=7
④ 8-2=6
⑤ 8-3=5
⑥ 8-4=4
⑦ 8-5=3
⑧ 8-6=2
⑨ 8-7=1

P.30

10までの ひきざん (3) なまえ
9-○

① 9−1＝8
② 9−2＝7
③ 9−3＝6
④ 9−4＝5
⑤ 9−5＝4
⑥ 9−6＝3
⑦ 9−7＝2
⑧ 9−8＝1

10までの ひきざん (4) なまえ
10-○

① 10−1＝9
② 10−2＝8
③ 10−3＝7
④ 10−4＝6
⑤ 10−5＝5
⑥ 10−6＝4
⑦ 10−7＝3
⑧ 10−8＝2
⑨ 10−9＝1

P.31

10までの ひきざん (5) なまえ

① 8−5＝3　② 7−2＝5
③ 7−3＝4　④ 9−1＝8
⑤ 7−5＝2　⑥ 10−4＝6
⑦ 10−2＝8　⑧ 9−7＝2
⑨ 9−4＝5　⑩ 8−2＝6
⑪ 10−6＝4　⑫ 10−7＝3
⑬ 7−1＝6　⑭ 6−3＝3
⑮ 6−5＝1　⑯ 8−6＝2

10までの ひきざん (6) なまえ

① 6−5＝1　② 10−1＝9
③ 7−4＝3　④ 9−8＝1
⑤ 9−5＝4　⑥ 8−3＝5
⑦ 8−1＝7　⑧ 9−6＝3
⑨ 10−3＝7　⑩ 9−2＝7
⑪ 6−2＝4　⑫ 8−7＝1
⑬ 6−4＝2　⑭ 10−5＝5

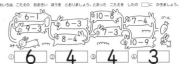

① 6　② 4　③ 4　④ 3

P.32

10までの ひきざん (7) なまえ

① 9−2＝7　② 9−7＝2
③ 9−6＝3　④ 10−3＝7
⑤ 6−3＝3　⑥ 7−2＝5
⑦ 10−2＝8　⑧ 8−4＝4
⑨ 7−4＝3　⑩ 8−2＝6
⑪ 8−3＝5　⑫ 10−5＝5
⑬ 9−3＝6　⑭ 6−4＝2
⑮ 10−8＝2　⑯ 9−5＝4

10までの ひきざん (8) なまえ

① 7−3＝4　② 8−7＝1
③ 8−6＝2　④ 9−1＝8
⑤ 7−5＝2　⑥ 10−9＝1
⑦ 6−1＝5　⑧ 9−4＝5
⑨ 8−5＝3　⑩ 10−4＝6
⑪ 6−2＝4　⑫ 9−8＝1
⑬ 7−6＝1　⑭ 10−7＝3

① 7　② 5　③ 6　④ 9

P.33

10までの ひきざん (9) なまえ

① 9−2＝7　② 9−6＝3
③ 7−6＝1　④ 10−8＝2
⑤ 10−1＝9　⑥ 8−5＝3
⑦ 8−3＝5　⑧ 6−4＝2
⑨ 8−2＝6　⑩ 9−4＝5
⑪ 10−3＝7　⑫ 7−5＝2
⑬ 9−7＝2　⑭ 6−1＝5
⑮ 7−1＝6　⑯ 10−9＝1

10までの ひきざん (10) なまえ

① 9−3＝6　② 8−1＝7
③ 8−6＝2　④ 10−5＝5
⑤ 9−8＝1　⑥ 7−4＝3
⑦ 6−5＝1　⑧ 10−7＝3
⑨ 7−3＝4　⑩ 10−4＝6
⑪ 8−7＝1　⑫ 6−2＝4
⑬ 9−5＝4　⑭ 8−4＝4

① 6　② 4　③ 8　④ 6

P.34

10までの ひきざん (11) なまえ
0の ひきざん

● みかんが 3こずつ あります。のこりは なんこ ですか。□に あてはまる かずを かきましょう。

3

① 1こ たべました。
 3 − 1 = 2

② 2こ たべました。
3 − 2 = 1

③ 3こ たべました。
3 − 3 = 0

④ たべませんでした。
3 − 0 = 3

10までの ひきざん (12) なまえ

① 6 − 0 = 6 　② 10 − 7 = 3
③ 0 − 0 = 0 　④ 7 − 7 = 0
⑤ 8 − 5 = 3 　⑥ 10 − 9 = 1
⑦ 10 − 0 = 10 　⑧ 9 − 4 = 5
⑨ 8 − 8 = 0 　⑩ 10 − 3 = 7
⑪ 7 − 5 = 2 　⑫ 9 − 0 = 9
⑬ 10 − 10 = 0 　⑭ 6 − 2 = 4

めいろは，こたえの おおい ほうを とおりましょう。とおった こたえを したの □に かきましょう。

① 9 　② 8 　③ 6 　④ 8

34

P.35

10までの ひきざん (13) なまえ
ぶんしょうだい① のこりは いくつ

① くるまが 7だい とまって います。4だい でて いきました。のこりは なんだいに なりましたか。

しき 7 − 4 = 3
こたえ 3だい

② あめが 10こ ありました。2こ たべました。のこりは なんこですか。

しき 10 − 2 = 8
こたえ 8こ

③ いけに とりが 8わ いました。6わ とんで いきました。のこりは なんわですか。
しき 8 − 6 = 2
こたえ 2わ

10までの ひきざん (14) なまえ
ぶんしょうだい② こちらは いくつ

① くろい ねこと しろい ねこが 9ひき います。しろい ねこは 5ひきです。くろい ねこは なんびきいますか。

しき 9 − 5 = 4
こたえ 4ひき

② 7にんで やまのぼりに いきました。その うち 3にんが おとなです。こどもは なんにんですか。

しき 7 − 3 = 4
こたえ 4にん

③ らいおんが 8とう います。おすは 2とうです。めすの らいおんは なんとうですか。
しき 8 − 2 = 6
こたえ 6とう

35

P.36

10までの ひきざん (15) なまえ
ぶんしょうだい③ ちがいは いくつ

① どうぶつえんに ぞうが 3とう います。かばは 6とう います。どちらが なんとう おおいでしょうか。
しき 6 − 3 = 3

こたえ かばが 3 とう おおい。

② かごに りんごが 9こ あります。みかんは 6こ あります。どちらが なんこ おおいでしょうか。
しき 9 − 6 = 3
こたえ りんご が 3 こ おおい。

③ かだんに あかい はなが 3ぼん，しろい はなが 8ほん さいて います。どちらが なんぼん おおいでしょうか。
しき 8 − 3 = 5
こたえ しろい はなが 5 ほん おおい。

10までの ひきざん (16) なまえ
ぶんしょうだい④ のこり・こちら・ちがい

① たまごが 10こ ありました。りょうりに 3こ つかいました。のこりは なんこですか。
しき 10 − 3 = 7
こたえ 7こ

② すいぞくかんに あしかが 4とう，いるかが 6とう います。どちらが なんとう おおいでしょうか。
しき 6 − 4 = 2
こたえ いるかが 2とう おおい。

③ ほんだなに えほんと ずかんが あわせて 8さつ あります。えほんは 5さつです。ずかんは なんさつですか。
しき 8 − 5 = 3
こたえ 3さつ

④ わたしは どんぐりを 7こ，おとうとは 9こ ひろいました。どちらが なんこ おおいでしょうか。
しき 9 − 7 = 2
こたえ おとうとが 2こ おおい。

36

P.37

ふりかえりテスト 10までの ひきざん

② 10 − 7 = 3
② 6 − 4 = 2
③ 8 − 5 = 3
④ 9 − 3 = 6

② あかい わなが 9ひき ありました。あかと しろの わなが あわせて 9ひき あります。しろい わなは 5ひきです。あかい わなは なんびきですか。
しき 9 − 5 = 4
こたえ 4ひき

③ おりがみが 10まい ありました。7まい つかいました。のこりは なんまいですか。
しき 10 − 7 = 3
こたえ 3まい

④ くまが 3とう，くまが 8とう います。くまが なんとう おおいですか。
しき 8 − 3 = 5
こたえ くまが 5とう おおい。

① けいさんを しましょう。
① 8 − 3 = 5
② 6 − 2 = 4
③ 7 − 4 = 3
④ 10 − 9 = 1
⑤ 7 − 2 = 5
⑥ 10 − 2 = 8
⑦ 9 − 4 = 5
⑧ 8 − 6 = 2
⑨ 7 − 5 = 2
⑩ 6 − 2 = 4
⑪ 10 − 1 = 9
⑫ 5 − 2 = 3
⑬ 8 − 6 = 2
⑭ 10 − 5 = 5
⑮ 9 − 5 = 4
⑯ 6 − 3 = 3
⑰ 4 − 2 = 2

37

P.38

10までの たしざん・ひきざん (1) ぬりえあそび　なまえ

● こたえが ７に なる ところに あかいろ，６に なる ところに みどりいろを ぬりましょう。

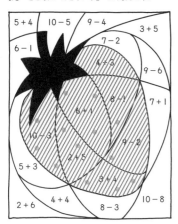

10までの たしざん・ひきざん (2) めいろ　なまえ

● こたえの おおきい ほうへ すすんで，スタート から ゴールまで いきましょう。

P.39

たしざんかな ひきざんかな① (1)　なまえ

① かえるが いけの なかに ４ひき，いけの そとに ５ひき います。かえるは，ぜんぶで なんびきですか。
しき $4+5=9$　こたえ ９ひき

② ばすに おきゃくさんが 10にん のって いました。ばすていで ３にん おりました。おきゃくさんは なんにん のこって いますか。
しき $10-3=7$　こたえ ７にん

③ ほっとけえきを ６まい やきました。あとから ２まい やきました。あわせて なんまい やきましたか。
しき $6+2=8$　こたえ ８まい

④ あかりんごが ７こ，あおりんごが ９あります。どちらの りんごが なんこ おおいですか。
しき $9-7=2$　こたえ あおりんごが ２こ おおい。

たしざんかな ひきざんかな① (2)　なまえ

① じゃんけんを 10かい やりました。６かい かって，のこりは まけました。なんかい まけたでしょうか。
しき $10-6=4$　こたえ ４かい

② いえに ばななが ３ぼん あります。おかあさんが ４ほん かってきました。ばななは，なんぼんに なりましたか。
しき $3+4=7$　こたえ ７ほん

③ いもほりで ぼくは いもを ５こ，おとうとは ７こ ほりました。どちらが なんこ おおいでしょうか。
しき $7-5=2$　こたえ おとうとが ２こ おおい。

④ しいるが ９まい ありました。いもうとに ３まい あげました。のこりは なんまいですか。
しき $9-3=6$　こたえ ６まい

P.40

たしざんかな ひきざんかな① (3)　なまえ

① えれべえたあに ８にん のって いました。つぎの かいで ３にん おりました。えれべえたあの なかは なんにんに なりましたか。
しき $8-3=5$　こたえ ５にん

② そうたさんは せみを ４ひき，れいさんは ３びき つかまえました。あわせて なんびき つかまえましたか。
しき $4+3=7$　こたえ ７ひき

③ おとなと こどもが あわせて 10にん います。おとなは ４にんです。こどもは なんにん いますか。
しき $10-4=6$　こたえ ６にん

④ ねこが ５ひき います。こねこが ４ひき うまれました。ねこは，ぜんぶで なんびきに なりましたか。
しき $5+4=9$　こたえ ９ひき

たしざんかな ひきざんかな① (4)　なまえ

① あかだまと しろだま あわせて ８こ あります。その うち しろだまは ５こです。あかだまは なんこですか。
しき $8-5=3$　こたえ ３こ

② くじびきを 10かい しました。その うち，２かい あたりが でました。はずれは なんかい でましたか。
しき $10-2=8$　こたえ ８かい

③ ６りょうの てんしゃと ２りょうの てんしゃを あわせて なんりょうに なりますか。
しき $6+2=8$　こたえ ８りょう

④ はこに なすと とまとが はいって います。なすは ６こ あります。とまとは ９こ あります。どちらが なんこ おおいですか。
しき $9-6=3$　こたえ とまとが ３こ おおい。

P.41

たしざんかな ひきざんかな① (5) おはなしづくり たしざん　なまえ

● えを みて しきに なる おはなしを つくりましょう。

① $4+2$の しきに なる おはなし
とりが てんせんに ４わ います。
２わ きました。
ぜんぶで ６わに なりました。

② $5+3$の しきに なる おはなし
(れい) すなばで こどもが ５にん あそんで います。３にん やって きました。ぜんぶで ８にんに なりました。

③ $5+4$の しきに なる おはなし
(れい) かだんに あかい はなが ５ほん，しろい はなが ４ほん さいて います。はなは あわせて ９ほん さいて います。

112

P.42

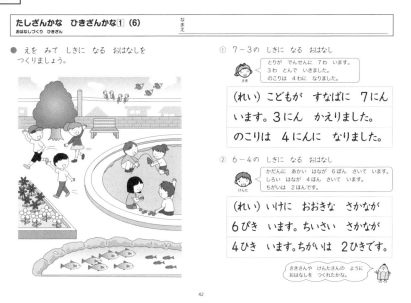

たしざんかな　ひきざんかな① (6)
おはなしづくり　ひきざん

● えを みて しきに なる おはなしを つくりましょう。

① 7−3の しきに なる おはなし

（とりが でんせんに 7わ います。3わ とんで いきました。のこりは 4わに なりました。）

（れい）こどもが すなばに 7にん います。3にん かえりました。のこりは 4にんに なりました。

② 6−4の しきに なる おはなし

（かだんに あかい はなが 6ぽん さいて います。しろい はなが 4ほん さいて います。ちがいは 2ほんです。）

（れい）いけに おおきな さかなが 6ぴき います。ちいさい さかなが 4ひき います。ちがいは 2ひきです。

さきさんや けんたさんの ように おはなしを つくれたかな。

P.43

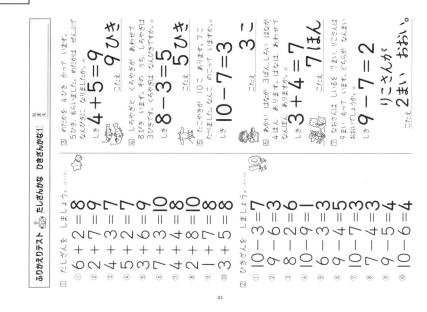

ふりかえりテスト　たしざんかな　ひきざんかな①

① たしざんを しましょう。

(1) 6＋2＝8
(2) 2＋7＝9
(3) 4＋3＝7
(4) 5＋2＝7
(5) 3＋6＝9
(6) 7＋3＝10
(7) 4＋4＝8
(8) 2＋8＝10
(9) 7＋1＝8
(10) 3＋5＝8

② ひきざんを しましょう。

(1) 10−3＝7
(2) 9−6＝3
(3) 8−2＝6
(4) 10−9＝1
(5) 6−3＝3
(6) 9−4＝5
(7) 10−7＝3
(8) 7−4＝3
(9) 9−5＝4
(10) 10−6＝4

③ しき 4＋5＝9　こたえ 9ひき
（わたしが 4ひき かって います。5ひき もらいました。ぜんぶで なんびきに なりましたか。）

④ しき 8−3＝5　こたえ 5ひき
（しろやぎが 8ひき います。そのうち、しろやぎは 3びき です。くろやぎは なんびきですか。）

⑤ しき 10−7＝3　こたえ 3こ
（あかい はなが 10こ あります。しろい はなは 7こ あります。あかい はなは なんこ おおいですか。）

⑥ しき 3＋4＝7　こたえ 7ほん
（4ほん あります。3ぼん もらいました。ぜんぶで なんぼんに なりましたか。）

⑦ しき 9−7＝2　こたえ 2まい
（おねえさんは 9まい もって います。いもうとは 7まい もって います。どちらが なんまい おおいですか。）
りこさんが 2まい おおい。

P.44

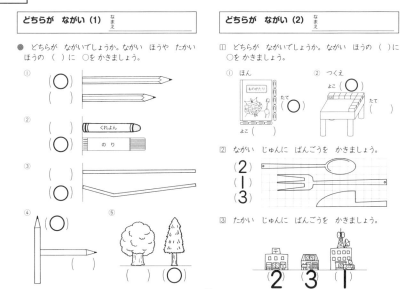

どちらが ながい (1)
なまえ

● どちらが ながいでしょうか。ながい ほうや たかい ほうの（ ）に ○を かきましょう。

① （○）（ ）
② （ ）（○）
③ （○）（ ）
④ （○）　⑤ （ ）（○）

どちらが ながい (2)
なまえ

① どちらが ながいでしょうか。ながい ほうの（ ）に ○を かきましょう。

① ほん （○）
② つくえ （○）

② ながい じゅんに ばんごうを かきましょう。
（2）（1）（3）

③ たかい じゅんに ばんごうを かきましょう。
2　3　1

P.45

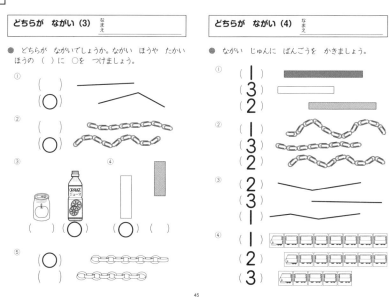

どちらが ながい (3)
なまえ

● どちらが ながいでしょうか。ながい ほうや たかい ほうの（ ）に ○を つけましょう。

① （ ）（○）
② （○）（ ）
③ （○）（ ）
④ （ ）（○）
⑤ （○）（ ）

どちらが ながい (4)
なまえ

● ながい じゅんに ばんごうを かきましょう。

① （1）（3）（2）
② （1）（3）（2）
③ （2）（3）（1）
④ （1）（2）（3）

P.46

かずを せいりしよう　なまえ

● くだものの かずを しらべましょう。

① したから じゅんに くだものの かずだけ いろを ぬりましょう。

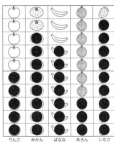

りんご　みかん　ばなな　めろん　いちご

② いちばん おおい くだものは なんですか。また，なんこですか。
（**いちご**）で（**9**）こ

③ いちばん すくない くだものは なんですか。また，なんこですか。
（**めろん**）で（**3**）こ

④ 3ばんめに おおい くだものは なんですか。また，なんこですか。
（**ばなな**）で（**7**）こ

46

P.47

20までの かず (1)　なまえ

● 10ずつ ○で かこんで かずを かぞえましょう。□に かずを かきましょう。

13 わ

20までの かず (2)　なまえ

● 10ずつ ○で かこんで かずを かぞえましょう。□に かずを かきましょう。

①

17 ひき

②

20 こ

47

P.48

20までの かず (3)　なまえ

１ かずを □に かきましょう。

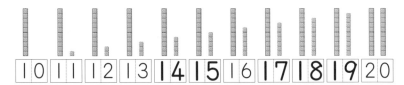

| 10 | 11 | 12 | 13 | 14 | 15 | 16 | 17 | 18 | 19 | 20 |

２ □に かずを かきましょう。
① 10と 4で **14**
② 10と 7で **17**
③ 10と 2で **12**
④ 10と 9で **19**
⑤ 10と 10で **20**

３ □に かずを かきましょう。
① 15は 10と **5**
② 11は 10と **1**
③ 20は **10** と 10
④ 18は **10** と 8
⑤ 16は 10と **6**

４ ○に かずを かきましょう。

① ⑬ → ⑩ **3**　　⑲ → ⑩ 9

③ ⑳ → ⑩ **10**　④ ⑫ → ⑩ **10** 2

48

P.49

20までの かず (4)　なまえ

● 10ずつ ○で かこんで かずを かぞえましょう。□に かずを かきましょう。

①

17 こ

②

14 にん

20までの かず (5)　なまえ

● 10ずつ ○で かこんで かずを かぞえましょう。□に かずを かきましょう。

①

15 こ

②

12 ひき

③

20 こ

49

114

P.50

20までの かず（6）　なまえ

● かずの せんを つかって，かんがえましょう。

0 1 2 3 4 5 6 7 8 9 10 11 12 13 14 15 16 17 18 19 20

① どちらの かずが おおきいでしょうか。
おおきい ほうに ○を つけましょう。

① (⑪と 10) 　② (12と ⑳)
③ (⑬と 12) 　④ (18と ⑲)
⑤ (17 ⑱) 　⑥ (⑯と 14)
⑦ (19 ⑳) 　⑧ (16と ⑰)
⑨ (13 ⑮) 　⑩ (⑫と 11)

② □に かずを かきましょう。

① 15 16 **17 18** 19 **20**
② **16** 15 **14 13** 12 **11**
③ **8** 10 12 **14** 16 **18**

③ つぎの かずは いくつですか。
□に かずを かきましょう。

① 15より 5 おおきい かず **20**
② 19より 3 ちいさい かず **16**
③ 18より 2 おおきい かず **20**
④ 14より 4 ちいさい かず **10**

P.51

20までの かず（7）　たしざん①　なまえ

① 13＋2＝**15**　② 16＋3＝**19**
③ 11＋5＝**16**　④ 11＋4＝**15**
⑤ 12＋2＝**14**　⑥ 17＋2＝**19**
⑦ 15＋3＝**18**　⑧ 10＋8＝**18**
⑨ 14＋4＝**18**　⑩ 12＋6＝**18**
⑪ 18＋1＝**19**　⑫ 13＋3＝**16**
⑬ 14＋2＝**16**　⑭ 10＋4＝**14**
⑮ 16＋2＝**18**　⑯ 12＋5＝**17**
⑰ 11＋3＝**14**　⑱ 14＋1＝**15**

めいろは，こたえの おおきい ほうを とおりましょう。とおった こたえを したの □に かきましょう。

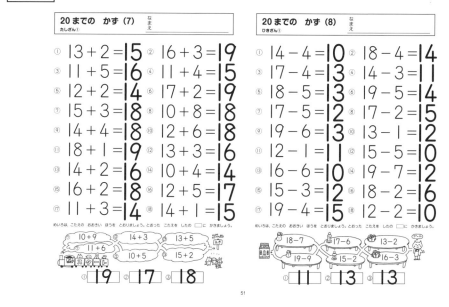

① **19** ② **17** ③ **18**

20までの かず（8）　ひきざん①　なまえ

① 14－4＝**10**　② 18－4＝**14**
③ 17－4＝**13**　④ 14－3＝**11**
⑤ 18－5＝**13**　⑥ 19－5＝**14**
⑦ 17－5＝**12**　⑧ 17－2＝**15**
⑨ 19－6＝**13**　⑩ 13－1＝**12**
⑪ 12－1＝**11**　⑫ 15－5＝**10**
⑬ 16－6＝**10**　⑭ 19－7＝**12**
⑮ 15－3＝**12**　⑯ 18－2＝**16**
⑰ 19－4＝**15**　⑱ 12－2＝**10**

めいろは，こたえの おおきい ほうを とおりましょう。とおった こたえを したの □に ひきましょう。

① **11** ② **13** ③ **13**

P.52

20までの かず（9）　たしざん②　なまえ

① 13＋4＝**17**　② 13＋6＝**19**
③ 11＋3＝**14**　④ 12＋3＝**15**
⑤ 10＋2＝**12**　⑥ 15＋2＝**17**
⑦ 12＋7＝**19**　⑧ 13＋3＝**16**
⑨ 10＋7＝**17**　⑩ 12＋1＝**13**
⑪ 10＋5＝**15**　⑫ 14＋5＝**19**
⑬ 11＋6＝**17**　⑭ 12＋4＝**16**
⑮ 15＋3＝**18**　⑯ 11＋8＝**19**
⑰ 14＋2＝**16**　⑱ 16＋2＝**18**

めいろは，こたえの おおきい ほうを とおりましょう。とおった こたえを したの □に かきましょう。

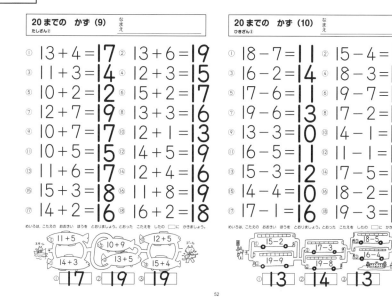

① **17** ② **19** ③ **19**

20までの かず（10）　ひきざん②　なまえ

① 18－7＝**11**　② 15－4＝**11**
③ 16－2＝**14**　④ 18－3＝**15**
⑤ 17－6＝**11**　⑥ 19－7＝**12**
⑦ 19－6＝**13**　⑧ 17－2＝**15**
⑨ 13－3＝**10**　⑩ 14－1＝**13**
⑪ 16－5＝**11**　⑫ 11－1＝**10**
⑬ 15－3＝**12**　⑭ 17－5＝**12**
⑮ 14－4＝**10**　⑯ 18－2＝**16**
⑰ 17－1＝**16**　⑱ 19－3＝**16**

めいろは，こたえの おおきい ほうを とおりましょう。とおった こたえを したの □に かきましょう。

① **13** ② **14** ③ **13**

P.53

ふりかえりテスト　20までの かず　なまえ

① けいさんを しましょう。

① 10＋4＝**14**
② 10＋8＝**18**
③ 10＋1＝**11**
④ 15＋3＝**18**
⑤ 6＋3＝**9**
⑥ 3－3＝**0**
⑦ 19－9＝**10**
⑧ 15－5＝**10**
⑨ 15－2＝**13**
⑩ 17－5＝**12**

② □に かずを かきましょう。

16 17 18 19 **20**
10 12 14 **16** 18

③ つぎの かずは いくつですか。
□に かずを かきましょう。

① 17より 3 おおきい かず **20**
② 15より 5 ちいさい かず **10**

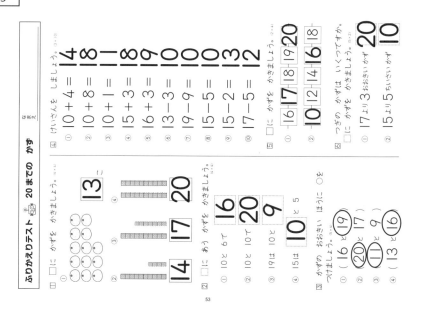

① □に かずを かきましょう。

① **13**
② **20**
③ **14**

② □に かずを かきましょう。

① **16**
② **20**
③ **9**
④ **10**と 5

① 10と **16**
② 10と **20**
③ 19は **10**と 9
④ 15は **10**と 5

③ かずの おおきい ほうに ○を つけましょう。

① (⑯と 14)
② (⑳と 11)
③ (13と ⑯)
① (⑲と 17)
② (⑨と 7)

115

児童に実施させる前に，必ず指導される方が問題を解いてください。本書の解答は，あくまでも１つの例です。指導される方の作られた解答をもとに，本書の解答例を参考に児童の多様な考えに寄り添って○つけをお願いします。

P.54

どちらが おおい（1）　なまえ

□ おおい ほうに ○を しましょう。

① あ（　）　い（○）　あ（○）　い（　）

□ おおい じゅんに ばんごうを かきましょう。

あ（3）　い（1）　う（2）

□ はいって いた みずを こっぷに うつしました。
おおい ほうに ○を しましょう。
　あ（○）
　い（　）

どちらが おおい（2）　なまえ

□ どちらの はこの かさが おおきいでしょうか。
おおきい ほうの（　）に ○を かきましょう。

① あ（　）　い（○）

あ（○）　い（　）

□ はこの かさが おおきい じゅんに ばんごうを
かきましょう。

あ（2）　い（1）　う（3）

P.55

なんじ なんじはん（1）　なまえ

● とけいの はりを よみましょう。

①（8）じ　②（3）じ
③（7）じ　④（5）じ　⑤（9）じ
⑥（6）じ　⑦（1）じ　⑧（12）じ

なんじ なんじはん（2）　なまえ

● とけいの はりを よみましょう。

①（12）じ（はん）　②（3）じ（はん）
③（4）じ はん　④（7）じ はん　⑤（6）じ はん
⑥（9）じ はん　⑦（5）じ はん　⑧（2）じ はん

P.56

なんじ なんじはん（3）　なまえ

● とけいの はりを よみましょう。
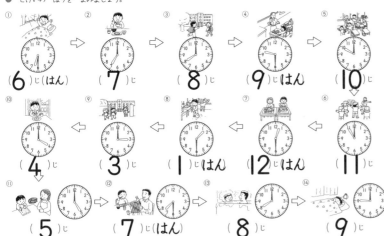
①（6）じ（はん）　②（7）じ　③（8）じ　④（9）じ（はん）　⑤（10）じ
⑩（4）じ　⑨（3）じ　⑧（1）じ はん　⑦（12）じ はん　⑥（11）じ
⑪（5）じ　⑫（7）じ（はん）　⑬（8）じ　⑭（9）じ

P.57

3つの かずの けいさん（1）　なまえ　たしざん

□ いぬは みんなで なんびきに なりましたか。
１つの しきで かきましょう。
　① 4ひき のって います。
　② 2ひき のりました。
　③ 3びき のりました。

しき　4＋2＋3＝9
こたえ　9 ひき

□ けいさんを しましょう。
① 2＋6＋1＝9
② 7＋3＋2＝12

3つの かずの けいさん（2）　なまえ　ひきざん

□ いぬは なんびき のこって いますか。
１つの しきで かきましょう。
　① 9ひき のって います。
　② 4ひき おりました。
　③ 3びき おりました。

しき　9－4－3＝2
こたえ　2 ひき

□ けいさんを しましょう。
① 10－2－4＝4
② 13－3－5＝5

P.58

３つの かずの けいさん (3)
たしざん・ひきざん　なまえ

① いぬは なんびきに なりましたか。
　１つの しきで かきましょう。

⚪ 5ひき のって います。

⚪ 2ひき おりました。

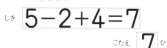
⚪ 4ひき のりました。

しき $5-2+4=7$

こたえ 7 ひき

② けいさんを しましょう。
① $8-6+2=4$
② $7+3-5=5$

３つの かずの けいさん (4)
なまえ

① $2+3+4=9$ ② $2+3-1=4$
③ $8-4-2=2$ ④ $9-5+3=7$
⑤ $6+3+1=10$ ⑥ $1+8-2=7$
⑦ $5-3+7=9$ ⑧ $10-2-4=4$
⑨ $8+2-4=6$ ⑩ $3+7-9=1$
⑪ $10-9+5=6$ ⑫ $5+5-4=6$
⑬ $4+6-3=7$ ⑭ $7-5+8=10$
⑮ $5+4-7=2$ ⑯ $7+3-6=4$

めいろは、こたえの おおきい ほうを とおりましょう。とおった こたえを したの □に かきましょう。

① 4 ② 6 ③ 10

58

P.59

３つの かずの けいさん (5)
なまえ

① $7+3+5=15$ ② $8+2-3=7$
③ $6-5+9=10$ ④ $1+8-6=3$
⑤ $9+1-4=6$ ⑥ $5+5+9=19$
⑦ $9-3+4=10$ ⑧ $3+4-2=5$
⑨ $10-1-6=3$ ⑩ $4+5-4=5$
⑪ $4-2+8=10$ ⑫ $7+3+3=13$
⑬ $5-2+6=9$ ⑭ $10-4-2=4$
⑮ $3+6-5=4$ ⑯ $6-1+5=10$

めいろは、こたえの おおきい ほうを とおりましょう。とおった こたえを したの □に かきましょう。

① 8 ② 15 ③ 6

３つの かずの けいさん (6)
なまえ

① $6+1+3=10$ ② $1+9-3=7$
③ $10-5-2=3$ ④ $4+5-7=2$
⑤ $8+1-2=7$ ⑥ $10-9+5=6$
⑦ $2+8-6=4$ ⑧ $4-2+8=10$
⑨ $10-7-1=2$ ⑩ $15-5-2=8$
⑪ $14-4+5=15$ ⑫ $7-2+3=8$
⑬ $10-8+2=4$ ⑭ $5+5+4=14$
⑮ $18-8-8=2$ ⑯ $6+4-2=8$

めいろは、こたえの おおきい ほうを とおりましょう。とおった こたえを したの □に かきましょう。
① 7 ② 18 ③ 15

59

P.60

３つの かずの けいさん (7)
なまえ

① $10-8+6=8$ ② $4+6+8=18$
③ $17-7-4=6$ ④ $9+1-2=8$
⑤ $9-7+8=10$ ⑥ $8+2-3=7$
⑦ $10-6+3=7$ ⑧ $3+7-9=1$
⑨ $6-5+5=6$ ⑩ $19-9-2=8$
⑪ $7+3+9=19$ ⑫ $4+4-5=3$
⑬ $3+5-6=2$ ⑭ $13-3+1=11$
⑮ $16-6+7=17$ ⑯ $10-7+4=7$

めいろは、こたえの おおきい ほうを とおりましょう。とおった こたえを したの □に かきましょう。

① 2 ② 9 ③ 16

60

３つの かずの けいさん (8)
ぶんしょうだい・おはなしづくり　なまえ

① ばすに 10にん のって います。つぎの ばすていで 6にん おりて、4にん のって きました。ばすの なかは なんにんに なりましたか。

しき $10-6+4=8$
こたえ 8 にん

② みかんが 9こ あります。5こ たべたので おかあさんが 6こ かって きました。みかんは なんこに なりましたか。

しき $9-5+6=10$
こたえ 10 こ

③ $7+3-4$の もんだいに なるように おはなしを つくりましょう。

略

P.61

たしざん (1)
くりあがり　なまえ

① $6+6=12$ ② $9+8=17$
③ $8+3=11$ ④ $6+8=14$
⑤ $9+5=14$ ⑥ $3+9=12$
⑦ $8+7=15$ ⑧ $7+6=13$
⑨ $7+5=12$ ⑩ $4+9=13$
⑪ $8+4=12$ ⑫ $9+2=11$
⑬ $5+6=11$ ⑭ $6+9=15$
⑮ $5+9=14$ ⑯ $7+7=14$
⑰ $4+7=11$ ⑱ $8+8=16$

めいろは、こたえの おおきい ほうを とおりましょう。とおった こたえを したの □に かきましょう。

① 13 ② 12 ③ 12 ④ 17

たしざん (2)
くりあがり　なまえ

① $3+8=11$ ② $4+8=12$
③ $8+6=14$ ④ $9+9=18$
⑤ $7+9=16$ ⑥ $5+7=12$
⑦ $5+8=13$ ⑧ $6+5=11$
⑨ $9+4=13$ ⑩ $8+9=17$
⑪ $9+7=16$ ⑫ $7+8=15$
⑬ $8+5=13$ ⑭ $2+9=11$
⑮ $9+6=15$ ⑯ $6+7=13$
⑰ $7+4=11$ ⑱ $9+3=12$

めいろは、こたえの おおきい ほうを とおりましょう。とおった こたえを したの □に かきましょう。
① 16 ② 15 ③ 14 ④ 16

61（たしざん(1)18問と たしざん(2)18問 あわせて すべての型36問）

P.62

たしざん（3） くりあがり　なまえ

① 9+4=13	② 8+8=16
③ 6+8=14	④ 4+7=11
⑤ 9+7=16	⑥ 7+6=13
⑦ 5+6=11	⑧ 8+4=12
⑨ 6+5=11	⑩ 7+8=15
⑪ 8+5=13	⑫ 2+9=11
⑬ 9+9=18	⑭ 7+7=14
⑮ 4+8=12	⑯ 9+3=12
⑰ 3+8=11	⑱ 5+7=12

めいろは、こたえの おおきい ほうを とおりましょう。とおった こたえを したの □に かきましょう。

8+3　6+7　5+8　5+9
4+9　7+5　6+6　8+7

□13　□13　□13　□15

たしざん（4） くりあがり　なまえ

① 4+9=13	② 8+3=11
③ 7+9=16	④ 6+6=12
⑤ 9+2=11	⑥ 8+7=15
⑦ 8+9=17	⑧ 5+8=13
⑨ 6+7=13	⑩ 9+8=17
⑪ 9+5=14	⑫ 5+9=14
⑬ 7+5=12	⑭ 6+9=15
⑮ 3+9=12	⑯ 9+6=15
⑰ 7+4=11	⑱ 8+6=14

めいろは、こたえの おおきい ほうを とおりましょう。とおった こたえを したの □に かきましょう。

4+8　7+8　6+5　4+7
8+5　8+8　5+7　9+3

□13　□16　□12　□12

P.63

たしざん（5） くりあがり（すべての型 36問）　なまえ

① 8+4=12	② 5+6=11	③ 6+8=14
④ 4+9=13	⑤ 8+9=17	⑥ 7+5=12
⑦ 7+7=14	⑧ 9+6=15	⑨ 8+6=14
⑩ 7+6=13	⑪ 5+9=14	⑫ 9+2=11
⑬ 9+5=14	⑭ 4+8=12	⑮ 5+8=13
⑯ 7+9=16	⑰ 6+9=15	⑱ 9+4=13
⑲ 5+7=12	⑳ 7+8=15	㉑ 6+5=11
㉒ 6+6=12	㉓ 9+8=17	㉔ 8+7=15
㉕ 3+9=12	㉖ 7+4=11	㉗ 3+8=11
㉘ 8+5=13	㉙ 9+8=17	㉚ 8+8=16
㉛ 9+7=16	㉜ 2+9=11	㉝ 4+7=11
㉞ 6+7=13	㉟ 9+3=12	㊱ 8+3=11

たしざん（6） くりあがり（すべての型 36問）　なまえ

① 9+6=15	② 7+9=16	③ 5+8=13
④ 3+9=12	⑤ 5+6=11	⑥ 9+2=11
⑦ 9+8=17	⑧ 8+4=12	⑨ 6+8=14
⑩ 2+9=11	⑪ 7+8=15	⑫ 7+7=14
⑬ 8+7=15	⑭ 4+9=13	⑮ 3+8=11
⑯ 9+5=14	⑰ 8+8=16	⑱ 9+4=13
⑲ 9+3=12	⑳ 8+3=11	㉑ 9+9=18
㉒ 5+9=14	㉓ 6+7=13	㉔ 4+7=11
㉕ 7+5=12	㉖ 8+9=17	㉗ 8+6=14
㉘ 9+7=16	㉙ 5+7=12	㉚ 8+5=13
㉛ 7+6=13	㉜ 7+4=11	㉝ 6+6=12
㉞ 6+5=11	㉟ 6+9=15	㊱ 4+8=12

P.64

たしざん（7） くりあがり（すべての型 36問）　なまえ

① 5+9=14	② 8+4=12	③ 7+5=12
④ 8+8=16	⑤ 6+5=11	⑥ 4+9=13
⑦ 5+6=11	⑧ 7+8=15	⑨ 2+9=11
⑩ 8+9=17	⑪ 6+6=12	⑫ 9+3=12
⑬ 6+7=13	⑭ 9+9=18	⑮ 7+9=16
⑯ 9+6=15	⑰ 3+8=11	⑱ 5+8=13
⑲ 8+3=11	⑳ 7+7=14	㉑ 9+4=13
㉒ 3+9=12	㉓ 6+9=15	㉔ 8+6=14
㉕ 9+2=11	㉖ 7+6=13	㉗ 5+7=12
㉘ 9+8=17	㉙ 8+7=15	㉚ 4+8=12
㉛ 8+5=13	㉜ 7+4=11	㉝ 4+7=11
㉞ 9+7=16	㉟ 9+5=14	㊱ 6+8=14

たしざん（8） くりあがり（すべての型 36問）　なまえ

① 8+8=16	② 4+9=13	③ 5+7=12
④ 9+5=14	⑤ 7+9=16	⑥ 8+9=17
⑦ 3+8=11	⑧ 6+6=12	⑨ 6+7=13
⑩ 7+5=12	⑪ 8+6=14	⑫ 5+6=11
⑬ 9+2=11	⑭ 5+8=13	⑮ 6+8=14
⑯ 7+7=14	⑰ 2+9=11	⑱ 9+6=15
⑲ 6+5=11	⑳ 9+4=13	㉑ 9+8=18
㉒ 7+8=15	㉓ 8+3=11	㉔ 5+9=14
㉕ 9+3=12	㉖ 7+6=13	㉗ 9+8=17
㉘ 4+7=11	㉙ 8+7=15	㉚ 3+9=12
㉛ 9+7=16	㉜ 6+9=15	㉝ 8+5=13
㉞ 8+4=12	㉟ 7+4=11	㊱ 4+8=12

P.65

たしざん（9） くりあがり（50問 すべての型を含む）　なまえ

① 8+8=16	② 2+9=11	③ 8+4=12
④ 9+3=12	⑤ 6+8=14	⑥ 4+9=13
⑦ 5+7=12	⑧ 4+8=12	⑨ 8+6=14
⑩ 9+9=18	⑪ 7+6=13	⑫ 9+6=15
⑬ 8+3=11	⑭ 8+7=15	⑮ 8+5=13
⑯ 9+3=12	⑰ 5+6=11	⑱ 7+7=14
⑲ 8+6=14	⑳ 6+7=13	㉑ 8+9=17
㉒ 3+9=12	㉓ 9+6=15	㉔ 6+5=11
㉕ 8+5=13	㉖ 7+6=13	㉗ 7+5=12
㉘ 5+6=11	㉙ 9+5=14	㉚ 6+7=13
㉛ 9+7=16	㉜ 5+8=13	㉝ 8+9=17
㉞ 9+2=11	㉟ 7+7=14	㊱ 3+8=11
㊲ 6+6=12	㊳ 9+8=17	㊴ 8+3=11
㊵ 5+9=14	㊶ 8+7=15	㊷ 3+9=12
㊸ 7+4=11	㊹ 6+9=15	㊺ 9+4=13
㊻ 7+9=16	㊼ 4+7=11	㊽ 9+9=18
㊾ 6+5=11	㊿ 7+6=13	

たしざん（10） くりあがり（50問 すべての型を含む）　なまえ

① 9+9=18	② 7+6=13	③ 4+8=12
④ 7+8=15	⑤ 8+5=13	⑥ 6+9=15
⑦ 6+6=12	⑧ 7+5=12	⑨ 3+8=11
⑩ 8+6=14	⑪ 2+9=11	⑫ 7+9=16
⑬ 5+6=11	⑭ 9+8=17	⑮ 5+8=13
⑯ 9+7=16	⑰ 7+4=11	⑱ 8+8=16
⑲ 8+9=17	⑳ 7+7=14	㉑ 9+9=18
㉒ 9+5=14	㉓ 6+5=11	㉔ 3+9=12
㉕ 9+2=11	㉖ 8+7=15	㉗ 9+6=15
㉘ 5+6=11	㉙ 8+9=17	㉚ 6+5=11
㉛ 8+4=12	㉜ 5+8=13	㉝ 7+6=13
㉞ 5+9=14	㉟ 9+7=16	㊱ 5+7=12
㊲ 7+4=11	㊳ 6+8=14	㊴ 8+3=11
㊵ 9+3=12	㊶ 4+9=13	㊷ 9+4=13
㊸ 4+7=11	㊹ 7+7=14	㊺ 8+6=16
㊻ 9+8=17	㊼ 3+9=12	㊽ 9+5=14
㊾ 4+9=13	㊿ 6+7=13	

P.66

たしざん（11）　くりあがり（50 まで すべての型を含む）　なまえ

①5+7=12　②9+5=14　③4+8=12
④6+8=14　⑤4+9=13　⑥7+6=13
⑦5+6=11　⑧9+5=14　⑨7+8=15
⑩9+9=18　⑪2+9=11　⑫9+4=13
⑬9+6=15　⑭8+5=13　⑮5+8=13
⑯9+4=13　⑰5+9=14　⑱4+7=11
⑲8+8=16　⑳3+9=12　㉑6+5=11
㉒7+6=13　㉓3+8=11　㉔7+5=12
㉕6+9=15　㉖9+7=14　㉗9+6=15
㉘7+9=16　㉙9+8=17　㉚8+4=12
㉛6+6=12　㉜3+9=12　㉝8+6=14
㉞9+7=16　㉟6+5=11　㊱4+7=11
㊲9+9=18　㊳8+3=11　㊴8+7=15
㊵5+8=13　㊶7+5=12　㊷5+9=14
㊸6+7=13　㊹3+8=11　㊺9+3=12
㊻8+9=17　㊼9+2=11　㊽7+4=11
㊾8+5=13　㊿8+8=16

たしざん（12）　くりあがり めいろ　なまえ

● こたえの おおきい ほうを とおって ゴールまで すすみましょう。とおった こたえを したの □に かきましょう。

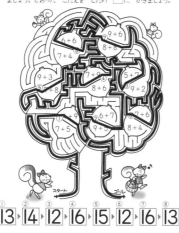

① ② ③ ④ ⑤ ⑥ ⑦ ⑧
13 ▶ 14 ▶ 12 ▶ 16 ▶ 15 ▶ 12 ▶ 16 ▶ 13

P.67

たしざん（13）　くりあがり ぶんしょうだい①　なまえ

① さかなつりに いきました。ぼくは 8ぴき，おとうとは 7ひき つりました。あわせて なんびき つったでしょうか。
しき 8+7=15　こたえ 15ひき

② おりがみを 9まい もって います。おねえさんから 8まい もらいました。おりがみは なんまいに なりましたか。
しき 9+8=17　こたえ 17まい

③ おやいぬが 5ひき，こいぬが 9ひき います。あわせて いぬは なんびき いますか。
しき 5+9=14　こたえ 14ひき

④ こうえんに こどもが 6にん います。7にんが やってきました。こうえんには こどもが なんにん いますか。
しき 6+7=13　こたえ 13にん

たしざん（14）　くりあがり ぶんしょうだい②　なまえ

① あひるが いけに 3わ います。いけの まわりに 9わ います。あわせて あひるは なんわ いますか。
しき 3+9=12　こたえ 12わ

② あかい りんごが 7こ，きいろい りんごが 7こ あります。ぜんぶで りんごは なんこ ありますか。
しき 7+7=14　こたえ 14こ

③ ばすに 7にん のって いました。つぎの ばすていで 9にん のりました。ばすの なかは なんにんに なりましたか。
しき 7+9=16　こたえ 16にん

④ ちゅうしゃじょうに くるまが 8だい とまって います。5だい くると，くるまは なんだいに なりますか。
しき 8+5=13　こたえ 13だい

P.68

ふりかえりテスト　たしざん くりあがり（2×36）

[1] けいさんを しましょう。

（計算問題のグリッド）

[2] あかい おりがみが 6まい あります。あおい おりがみは 8まい あります。おりがみは あわせて なんまい ありますか。
しき 6+8=14　こたえ 14まい

[3] きょうしつに こどもが 4にん います。そとから 9にん かえってきました。こどもは みんなで なんにんに なりましたか。
しき 4+9=13　こたえ 13にん

P.69

かたちあそび（1）　なまえ

● いろいろな かたちの ものを なかまに わけました。どのような わけかたを したか あてはまる ほうに ○を しましょう。

① （　）つむ ことが できる かたち。
　（○）ころがる かたち。

② （○）つむ ことが できる かたち。
　（　）ころがる かたち。

③ （　）よく ころがって うえに つみやすい かたち。
　（○）よく ころがって うえに つみにくい かたち。

かたちあそび（2）　なまえ

[1] したの かたちと おなじ なかまの かたちを さがしましょう。（　）に ばんごうを かきましょう。

① ② ③ ④

㋐（4）　㋑（4）　㋒（1）
㋓（3）　㋔（2）　㋕（3）

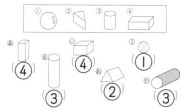

[2] かみに うつすと，どのような かたちに なるでしょう。せんで むすびましょう。

① ② ③ ④

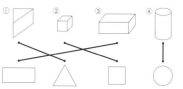

解答

児童に実施させる前に，必ず指導される方が問題を解いてください。本書の解答は，あくまでも１つの例です。指導される方の作られた解答をもとに，本書の解答例を参考に児童の多様な考えに寄り添って○つけをお願いします。

P.70

ひきざん（1）　くりさがり

① 11 − 4 = 7　② 13 − 4 = 9
③ 14 − 6 = 8　④ 12 − 5 = 7
⑤ 13 − 7 = 6　⑥ 17 − 9 = 8
⑦ 14 − 5 = 9　⑧ 11 − 8 = 3
⑨ 11 − 7 = 4　⑩ 16 − 8 = 8
⑪ 14 − 8 = 6　⑫ 11 − 2 = 9
⑬ 11 − 6 = 5　⑭ 13 − 9 = 4
⑮ 12 − 3 = 9　⑯ 15 − 7 = 8
⑰ 15 − 9 = 6　⑱ 18 − 9 = 9

ひきざん（2）　くりさがり

① 12 − 7 = 5　② 11 − 3 = 8
③ 14 − 9 = 5　④ 11 − 5 = 6
⑤ 13 − 6 = 7　⑥ 17 − 8 = 9
⑦ 12 − 8 = 4　⑧ 16 − 7 = 9
⑨ 13 − 8 = 5　⑩ 12 − 6 = 6
⑪ 15 − 8 = 7　⑫ 12 − 9 = 3
⑬ 11 − 9 = 2　⑭ 14 − 7 = 7
⑮ 16 − 9 = 7　⑯ 12 − 4 = 8
⑰ 13 − 5 = 8　⑱ 15 − 6 = 9

めいろは、こたえの おおきい ほうを とおりましょう。とおった こたえを したの □に かきましょう。

（1）　① 8　② 9　③ 9　④ 7
（2）　① 6　② 9　③ 8　④ 9

70　（ひきざん(1)18問と ひきざん(2)18問 あわせて すべての型36問）

P.71

ひきざん（3）　くりさがり

① 15 − 8 = 7　② 14 − 7 = 7
③ 13 − 5 = 8　④ 12 − 3 = 9
⑤ 14 − 9 = 5　⑥ 11 − 7 = 4
⑦ 15 − 6 = 9　⑧ 12 − 7 = 5
⑨ 11 − 5 = 6　⑩ 12 − 6 = 6
⑪ 13 − 6 = 7　⑫ 16 − 8 = 8
⑬ 17 − 8 = 9　⑭ 11 − 3 = 8
⑮ 11 − 4 = 7　⑯ 18 − 9 = 9
⑰ 16 − 7 = 9　⑱ 13 − 8 = 5

ひきざん（4）　くりさがり

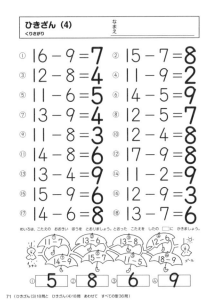

① 16 − 9 = 7　② 15 − 7 = 8
③ 12 − 8 = 4　④ 11 − 9 = 2
⑤ 11 − 6 = 5　⑥ 14 − 5 = 9
⑦ 13 − 9 = 4　⑧ 12 − 5 = 7
⑨ 11 − 8 = 3　⑩ 12 − 4 = 8
⑪ 14 − 8 = 6　⑫ 17 − 9 = 8
⑬ 13 − 4 = 9　⑭ 11 − 2 = 9
⑮ 15 − 9 = 6　⑯ 12 − 9 = 3
⑰ 14 − 6 = 8　⑱ 13 − 7 = 6

めいろは、こたえの おおきい ほうを とおりましょう。とおった こたえを したの □に かきましょう。

（3）　① 8　② 9　③ 8　④ 8
（4）　① 5　② 8　③ 6　④ 9

71　（ひきざん(3)18問と ひきざん(4)18問 あわせて すべての型36問）

P.72

ひきざん（5）　くりさがり（すべての型 36問）

① 18 − 9 = 9　② 12 − 4 = 8　③ 11 − 6 = 5
④ 11 − 8 = 3　⑤ 14 − 8 = 6　⑥ 13 − 4 = 9
⑦ 14 − 6 = 8　⑧ 15 − 8 = 7　⑨ 12 − 9 = 3
⑩ 12 − 6 = 6　⑪ 13 − 7 = 6　⑫ 13 − 5 = 8
⑬ 15 − 7 = 8　⑭ 11 − 9 = 2　⑮ 12 − 5 = 7
⑯ 15 − 9 = 6　⑰ 11 − 2 = 9　⑱ 11 − 4 = 7
⑲ 12 − 7 = 5　⑳ 16 − 9 = 7　㉑ 13 − 9 = 4
㉒ 14 − 9 = 5　㉓ 17 − 8 = 9　㉔ 11 − 7 = 4
㉕ 13 − 8 = 5　㉖ 16 − 7 = 9　㉗ 16 − 8 = 8
㉘ 15 − 6 = 9　㉙ 11 − 5 = 6　㉚ 17 − 9 = 8
㉛ 11 − 3 = 8　㉜ 14 − 5 = 9　㉝ 12 − 3 = 9
㉞ 13 − 6 = 7　㉟ 14 − 7 = 7　㊱ 12 − 8 = 4

ひきざん（6）　くりさがり（すべての型 36問）

① 14 − 7 = 7　② 11 − 8 = 3　③ 12 − 3 = 9
④ 15 − 8 = 7　⑤ 14 − 9 = 5　⑥ 16 − 7 = 9
⑦ 11 − 9 = 2　⑧ 15 − 6 = 9　⑨ 12 − 6 = 6
⑩ 15 − 9 = 6　⑪ 16 − 9 = 7　⑫ 13 − 4 = 9
⑬ 12 − 8 = 4　⑭ 11 − 7 = 4　⑮ 14 − 6 = 8
⑯ 13 − 7 = 6　⑰ 12 − 9 = 3　⑱ 13 − 5 = 8
⑲ 14 − 8 = 6　⑳ 13 − 6 = 7　㉑ 12 − 4 = 8
㉒ 13 − 8 = 5　㉓ 14 − 5 = 9　㉔ 15 − 7 = 8
㉕ 11 − 6 = 5　㉖ 13 − 9 = 4　㉗ 12 − 5 = 7
㉘ 17 − 8 = 9　㉙ 11 − 3 = 8　㉚ 11 − 2 = 9
㉛ 11 − 5 = 6　㉜ 17 − 9 = 8　㉝ 18 − 9 = 9
㉞ 12 − 7 = 5　㉟ 11 − 4 = 7　㊱ 16 − 8 = 8

72

P.73

ひきざん（7）　くりさがり（すべての型 36問）

① 12 − 4 = 8　② 13 − 5 = 8　③ 11 − 7 = 4
④ 14 − 5 = 9　⑤ 11 − 8 = 3　⑥ 15 − 9 = 6
⑦ 12 − 8 = 4　⑧ 13 − 7 = 6　⑨ 11 − 5 = 6
⑩ 12 − 5 = 7　⑪ 16 − 9 = 7　⑫ 15 − 6 = 9
⑬ 13 − 9 = 4　⑭ 15 − 8 = 7　⑮ 12 − 6 = 6
⑯ 14 − 9 = 5　⑰ 11 − 3 = 8　⑱ 17 − 8 = 9
⑲ 14 − 6 = 8　⑳ 13 − 8 = 5　㉑ 11 − 6 = 5
㉒ 11 − 4 = 7　㉓ 15 − 7 = 8　㉔ 16 − 8 = 8
㉕ 16 − 7 = 9　㉖ 14 − 8 = 6　㉗ 18 − 9 = 9
㉘ 17 − 9 = 8　㉙ 11 − 2 = 9　㉚ 13 − 6 = 7
㉛ 14 − 7 = 7　㉜ 12 − 3 = 9　㉝ 12 − 9 = 3
㉞ 13 − 4 = 9　㉟ 12 − 7 = 5　㊱ 11 − 9 = 2

ひきざん（8）　くりさがり（すべての型 36問）

① 11 − 8 = 3　② 12 − 9 = 3　③ 13 − 8 = 5
④ 13 − 4 = 9　⑤ 11 − 9 = 2　⑥ 12 − 6 = 6
⑦ 15 − 9 = 6　⑧ 13 − 6 = 7　⑨ 11 − 3 = 8
⑩ 16 − 9 = 7　⑪ 11 − 7 = 4　⑫ 14 − 7 = 7
⑬ 11 − 5 = 6　⑭ 16 − 8 = 8　⑮ 15 − 6 = 9
⑯ 12 − 4 = 8　⑰ 14 − 5 = 9　⑱ 12 − 7 = 5
⑲ 17 − 8 = 9　⑳ 13 − 5 = 8　㉑ 18 − 9 = 9
㉒ 12 − 5 = 7　㉓ 14 − 9 = 5　㉔ 16 − 7 = 9
㉕ 15 − 7 = 8　㉖ 11 − 2 = 9　㉗ 12 − 3 = 9
㉘ 12 − 8 = 4　㉙ 14 − 8 = 6　㉚ 13 − 7 = 6
㉛ 17 − 9 = 8　㉜ 11 − 6 = 5　㉝ 15 − 8 = 7
㉞ 11 − 4 = 7　㉟ 13 − 9 = 4　㊱ 14 − 6 = 8

73

P.74

ひきざん（9）　くりさがり（50問 すべての型を含む）

① 14-9=5　② 13-8=5　③ 14-8=6
④ 13-9=4　⑤ 12-3=9　⑥ 12-6=6
⑦ 12-7=5　⑧ 14-7=7　⑨ 16-7=9
⑩ 16-9=7　⑪ 12-6=6　⑫ 11-2=9
⑬ 17-8=9　⑭ 16-7=9　⑮ 12-9=3
⑯ 14-9=5　⑰ 12-3=9　⑱ 13-5=8
⑲ 11-4=7　⑳ 14-6=8　㉑ 18-9=9
㉒ 14-8=6　㉓ 13-9=4　㉔ 12-4=8
㉕ 15-7=8　㉖ 17-8=9　㉗ 16-9=7
㉘ 11-5=6　㉙ 12-9=3　㉚ 11-3=8
㉛ 15-8=7　㉜ 11-2=9　㉝ 17-9=8
㉞ 11-9=2　㉟ 14-6=8　㊱ 11-8=3
㊲ 13-7=6　㊳ 11-6=5　㊴ 18-9=9
㊵ 15-6=9　㊶ 12-4=8　㊷ 13-6=7
㊸ 12-8=4　㊹ 11-7=4　㊺ 12-5=7
㊻ 13-5=8　㊼ 16-8=8　㊽ 13-4=9
㊾ 15-9=6　㊿ 14-5=9

ひきざん（10）　くりさがり（50問 すべての型を含む）

① 16-9=7　② 18-9=9　③ 12-9=3
④ 11-6=5　⑤ 13-9=4　⑥ 11-3=8
⑦ 14-7=7　⑧ 11-2=9　⑨ 13-8=5
⑩ 13-6=7　⑪ 12-7=5　⑫ 11-5=6
⑬ 16-7=9　⑭ 17-8=9　⑮ 14-9=5
⑯ 15-9=6　⑰ 12-8=4　⑱ 15-8=7
⑲ 12-7=5　⑳ 16-9=7　㉑ 14-7=7
㉒ 15-7=8　㉓ 13-4=9　㉔ 12-4=8
㉕ 13-6=7　㉖ 11-8=3　㉗ 13-4=9
㉘ 12-7=5　㉙ 15-9=6　㉚ 15-7=8
㉛ 14-5=9　㉜ 12-5=7　㉝ 16-7=9
㉞ 12-8=4　㉟ 17-8=9　㊱ 15-8=7
㊲ 13-7=6　㊳ 14-8=6　㊴ 13-5=8
㊵ 14-5=9　㊶ 11-7=4　㊷ 11-4=7
㊸ 12-6=6　㊹ 17-9=8　㊺ 15-6=9
㊻ 18-9=9　㊼ 14-6=8　㊽ 16-8=8
㊾ 12-3=9　㊿ 11-9=2

74

P.75

ひきざん（11）　くりさがり（50問 すべての型を含む）

① 15-7=8　② 12-6=6　③ 13-6=7
④ 11-2=9　⑤ 18-9=9　⑥ 17-9=8
⑦ 13-9=4　⑧ 11-4=7　⑨ 14-5=9
⑩ 13-8=5　⑪ 12-6=6　⑫ 11-7=4
⑬ 14-6=8　⑭ 16-9=7　⑮ 17-9=8
⑯ 15-6=9　⑰ 11-9=2　⑱ 11-6=5
⑲ 13-9=4　⑳ 12-6=6　㉑ 12-4=8
㉒ 14-8=6　㉓ 18-9=9　㉔ 15-8=7
㉕ 15-6=9　㉖ 12-9=3　㉗ 16-9=7
㉘ 11-3=8　㉙ 17-8=9　㉚ 11-9=2
㉛ 14-7=7　㉜ 12-4=8　㉝ 12-3=9
㉞ 15-8=7　㉟ 13-8=5　㊱ 13-4=9
㊲ 11-5=6　㊳ 12-7=5　㊴ 11-6=5
㊵ 14-6=8　㊶ 16-7=9　㊷ 16-8=8
㊸ 13-5=8　㊹ 15-9=6　㊺ 12-5=7
㊻ 14-9=5　㊼ 12-8=4　㊽ 14-8=6
㊾ 13-7=6　㊿ 11-8=3

ひきざん（12）　くりさがり めいろ

● こたえの おおきい ほうを とおって ゴールまで すすみましょう。

75

P.76

ひきざん（13）　くりさがり はなびらけいさん①

● まんなかの かずから まわりの かずを ひいて，こたえを はなびらに かきましょう。

ひきざん（14）　くりさがり はなびらけいさん②

● まんなかの かずから まわりの かずを ひいて，こたえを はなびらに かきましょう。

76

P.77

ひきざん（15）　くりさがり ぶんしょうだい① のこりは いくつ

⑴ とんぼを 12ひき つかまえました。その うち、7ひき にがして やりました。のこりは なんびきですか。
　しき **12-7=5**　こたえ **5ひき**

⑵ じゃがいもが 14こ ありました。その うち、6こ りょうりに つかいました。のこりは なんこですか。
　しき **14-6=8**　こたえ **8こ**

⑶ キャラメルが 18こ ありました。みんなで 9こ たべました。のこりは なんこですか。
　しき **18-9=9**　こたえ **9こ**

⑷ えんぴつが 15ほん あります。8にんに 1ぽんずつ くばりました。のこりは なんぼんですか。
　しき **15-8=7**　こたえ **7ほん**

ひきざん（16）　くりさがり ぶんしょうだい② こちらは いくつ

⑴ くろい いぬと しろい いぬが あわせて 15ひき います。くろい いぬは 6ぴきです。しろい いぬは なんびきですか。
　しき **15-6=9**　こたえ **9ひき**

⑵ らいおんが 11とう います。おすの らいおんは 5とうです。めすの らいおんは なんとうですか。
　しき **11-5=6**　こたえ **6とう**

⑶ いけに おおきい さかなと ちいさい さかなが あわせて 13びき います。おおきい さかなは 8ぴきです。ちいさい さかなは なんびきですか。
　しき **13-8=5**　こたえ **5ひき**

⑷ こどもが こうえんで 17にん あそんで います。その うち、ぼうしを かぶって いる こどもは 9にんです。ぼうしを かぶって いない こどもは なんにんですか。
　しき **17-9=8**　こたえ **8にん**

77

P.78

ひきざん (17)
くりさがり ぶんしょうだい③ ちがいは いくつ なまえ

① かだんに あかい はなが 13ぽん、しろい はなが 4ほん さいて います。どちらが なんぼん おおいでしょうか。
しき $13-4=9$
こたえ あかい はなが 9ほん おおい。

② たくとさんは ほんを 9さつ、あやさんは 11さつ よみました。どちらが なんさつ おおく よみましたか。
しき $11-9=2$
こたえ あやさんが 2さつ おおい。

③ どうぶつえんに パンダが 7ひき、コアラが 12ひき います。どちらが なんびき おおいでしょうか。
しき $12-7=5$
こたえ コアラが 5ひき おおい。

④ 6がつは あめの ひが 16にち、はれの ひが 9にち でした。どちらが なんにち おおかったでしょうか。
しき $16-9=7$
こたえ あめのひが 7にち おおい。

ひきざん (18)
くりさがり ぶんしょうだい④ のこり・こちら・ちがい なまえ

① おねえさんは 13さいです。わたしは 7さいです。なんさい ちがいますか。
しき $13-7=6$
こたえ 6さい

② カードを 14まい もって います。おとうとに 5まい あげました。のこりは なんまいですか。
しき $14-5=9$
こたえ 9まい

③ みなとに ヨットが 15そう とまって います。ボートは 7そう とまって います。どちらが なんそう おおいですか。
しき $15-7=8$
こたえ ヨットが 8そう おおい。

④ すいそうに おやがめと こがめが あわせて 12ひき います。その うち、おやがめは 8ぴきです。こがめは なんびきですか。
しき $12-8=4$
こたえ 4ひき

P.79

ふりかえりテスト ⑤ ひきざん くりさがり

けいさんを しましょう。

① $8-3=5$ ほか、くりさがりの ひきざんの けいさん。

② $16-9=7$ ほか、くりさがりの ひきざんの けいさん。

② あかい きんぎょと くろい きんぎょが あわせて 16ぴき います。あかい きんぎょは 7ひきです。くろい きんぎょは なんびきですか。
しき $16-7=9$
こたえ 9ひき

③ ふうせんが 11こ あります。3こ とんで いきました。ふうせんは なんこ のこりますか。
しき $11-3=8$
こたえ 8こ

④ もえさんは シールを 6ほん、ゆうさんは 13ほん もって います。どちらが なんぼん おおいですか。
しき $13-6=7$
こたえ ゆうさんが 7ほん おおい。

P.80

たしざん・ひきざん (1)
めいろ① くりあがり・くりさがり なまえ

● こたえの おおきい ほうを とおって ゴールまで すすみましょう。

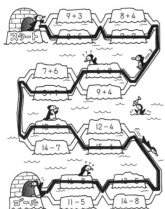

たしざん・ひきざん (2)
めいろ② くりあがり・くりさがり なまえ

● こたえの おおきい ほうを とおって ゴールまで すすみましょう。

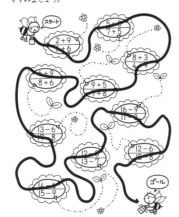

P.81

たしざんかな ひきざんかな② (1)
なまえ

① かびんに あかい はなが 5ほん、しろい はなが 7にほん あります。はなは あわせて なんぼん ありますか。
しき $5+7=12$
こたえ 12ほん

② ケーキが 13こ あります。9にんの こどもが 1こずつ たべます。ケーキは、なんこ あまりますか。
しき $13-9=4$
こたえ 4こ

③ 14ほんの くじが あります。その うち 5ほんが あたりです。はずれの くじは なんぼんですか。
しき $14-5=9$
こたえ 9ほん

④ はたけで きのう トマトが 8こ とれました。きょうは 7こ とれました。あわせて なんこ とれましたか。
しき $8+7=15$
こたえ 15こ

たしざんかな ひきざんかな② (2)
なまえ

① エレベーターに 11にん のって います。つぎの かいで 4にん おりました。エレベーターの なかは なんにんに なりましたか。
しき $11-4=7$
こたえ 7にん

② わたしは たこやきを 6こ、おとうとは 7こ たべました。ふたり あわせて なんこ たべましたか。
しき $6+7=13$
こたえ 13こ

③ なつやすみに りほさんは 7さつ、もえさんは 12さつ ほんを よみました。どちらが なんさつ おおく よみましたか。
しき $12-7=5$
こたえ もえさんが 5さつ おおい。

④ いちごの あめと ぶどうの あめが あわせて 16こ あります。いちごの あめは 8こです。ぶどうの あめは なんこですか。
しき $16-8=8$
こたえ 8こ

P.82

たしざんかな ひきざんかな② (3) なまえ

① こうたさんは きのう グラウンドを 6しゅう，きょう 8しゅう はしりました。あわせて なんしゅう はしったでしょうか。

しき $6+8=14$　こたえ 14 しゅう

② おとなの さると こざるが あわせて 16ぴき います。その うち おとなの さるは 9ひきです。こざるは なんびきですか。

しき $16-9=7$　こたえ 7 ひき

③ おとこのこ 8にんと，おんなのこ 5にんに ノートを 1さつずつ あげます。ノートは なんさつ いりますか。

しき $8+5=13$　こたえ 13 さつ

④ わたしは かいを 12こ，いもうとは 8こ ひろいました。どちらが なんこ おおく かいを ひろったでしょうか。

しき $12-8=4$　こたえ わたしが 4こ おおい。

たしざんかな ひきざんかな② (4) なまえ

① おにいさんは 13さいです。わたしは 7さいです。おにいさんは なんさい としうえですか。

しき $13-7=6$　こたえ 6 さい

② しかくい つみきが 8こ あります。まるい つみきは 15こ あります。どちらの つみきが なんこ おおいですか。

しき $15-8=7$　こたえ まるい つみきが 7こ おおい。

③ なおさんは はんかちを 8まい もって います。おかあさんから 3まい もらいました。はんかちは なんまいに なりましたか。

しき $8+3=11$　こたえ 11 まい

④ みんなで ちいさな ゆきだるまを 14こ つくりました。6こ とけてしまいました。ゆきだるまは なんこ のこっていますか。

しき $14-6=8$　こたえ 8こ

82

P.83

おおきい かず (1) なまえ
100までの かず①

● かずを かぞえましょう。

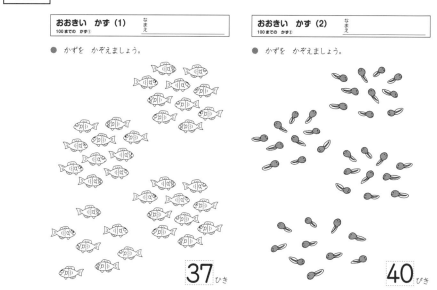

37 ひき

おおきい かず (2) なまえ
100までの かず②

● かずを かぞえましょう。

40 ぴき

83

P.84

おおきい かず (3) なまえ
100までの かず③

● ▭ に かずを かきましょう。

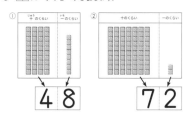

① 十のくらい 4　一のくらい 8

② 十のくらい 7　一のくらい 2

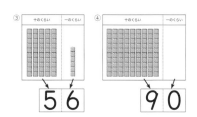

③ 十のくらい 5　一のくらい 6

④ 十のくらい 9　一のくらい 0

おおきい かず (4) なまえ
100までの かず④

① ▭ に あてはまる かずを かきましょう。

① 10が 5こと，1が 9こで 59

② 10が 8こて 80

③ 98は，10が 9 こと，1が 8 こ

④ 70は，10が 7 こ

② ▭ に あてはまる かずを かきましょう。

① 十のくらいが 4，一のくらいが 8の かずは 48

② 十のくらいが 6，一のくらいが 0の かずは 60

③ 35の 十のくらいの すうじは 3
　　一のくらいの すうじは 5

④ 87の 十のくらいの すうじは 8，
　　一のくらいの すうじは 7

84

P.85

おおきい かず (5) なまえ
100までの かず⑤

● ありは なんびき いますか。くふうして かずを かぞえましょう。

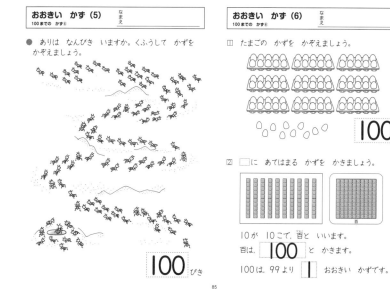

100 ぴき

おおきい かず (6) なまえ
100までの かず⑥

① たまごの かずを かぞえましょう。

100 こ

② ▭ に あてはまる かずを かきましょう。

10が 10こて，百と いいます。
百は，100 と かきます。
100は，99より 1 おおきい かずです。

85

P.86

おおきい　かず（7）
100までの　かず⑦　　なまえ

● つぎの　かずのせんを　みて　かんがえましょう。

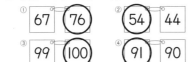

(0, 10, 20, 30, 40, 50, 60, 70, 80, 90, 100)

① □に　あてはまる　かずを　かきましょう。

① 63より 2 おおきい かずは **65**

② 30より 5 おおきい かずは **35**

③ 49より 1 おおきい かずは **50**

④ 88より 3 ちいさい かずは **85**

⑤ 74より 4 ちいさい かずは **70**

⑥ 100より 1 ちいさい かずは **99**

⑦ 100より 10 ちいさい かずは **90**

② おおきい　ほうに　○を　つけましょう。

① 67 （76）　② （54） 44

③ 99 （100）　④ （91） 90

③ □に　あてはまる　かずを　かきましょう。

① 95 96 97 98 99 100

② 75 80 85 90 95 100

③ 100 99 98 97 96 95

④ 50 60 70 80 90 100

86

P.87

おおきい　かず（8）
100より おおきい　かず①　　なまえ

● たまごの　かずを　かぞえましょう。

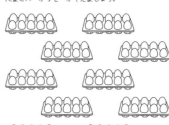

116 こ

おおきい　かず（9）
100より おおきい　かず②　　なまえ

● なんぼん　ありますか。□に　あてはまる　かずを　かきましょう。

①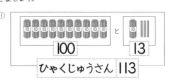
100 と 13
ひゃくじゅうさん 113

②
100 と 6
ひゃくろく 106

③
100 と 20
ひゃくにじゅう 120

87

P.88

おおきい　かず（10）
100より おおきい　かず③　　なまえ

● □に　あてはまる　かずを　かきましょう。

①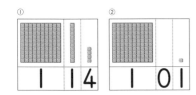
1 14

②
1 01

③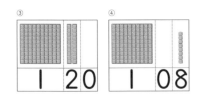
1 20

④
1 08

88

おおきい　かず（11）
せんむすび　　なまえ

● 1から 100まで じゅんばんに せんで つなぎましょう。

P.89

おおきい　かず（12）
100より おおきい　かず④　　なまえ

● つぎの　かずのせんを　みて　かんがえましょう。

(0, 10, 20, 30, 40, 50, 60, 70, 80, 90, 100, 110, 120)

① □に　あてはまる　かずを　かきましょう。

① 100が 1こと, 10が 1こと, 1が 3こて **113**

② 100が 1こと, 10が 2こて **120**

③ 117は, 100が **1** こと, 10が **1** こと, 1が **7** こ

④ 102は, 100が **1** こと, 1が **2** こ

⑤ 100より 18 おおきい かずは **118**

⑥ 110より 5 おおきい かずは **115**

⑦ 120より 1 ちいさい かずは **119**

⑧ 120より 10 ちいさい かずは **110**

② おおきい　ほうに　○を　つけましょう。

① 109 （119）　② 112 （120）

③ 98 （101）　④ （121） 119

③ □に　あてはまる　かずを　かきましょう。

① 98 99 100 101 102 103

② 95 100 105 110 115 120

③ 70 80 90 100 110 120

④ 120 119 118 117 116 115

89

124

P.90

おおきい かす（13）
かんたんな ２けたの たしざん①　なまえ

① 30 + 40 = **70**　② 20 + 20 = **40**
③ 10 + 10 = **20**　④ 40 + 50 = **90**
⑤ 40 + 10 = **50**　⑥ 80 + 20 = **100**
⑦ 60 + 3 = **63**　⑧ 50 + 7 = **57**
⑨ 90 + 9 = **99**　⑩ 70 + 8 = **78**
⑪ 40 + 2 = **42**　⑫ 20 + 5 = **25**
⑬ 16 + 3 = **19**　⑭ 54 + 4 = **58**
⑮ 43 + 5 = **48**　⑯ 37 + 1 = **38**
⑰ 85 + 2 = **87**　⑱ 62 + 4 = **66**

めいろは、こたえの おおきい ほうを とおりましょう。とおった こたえを したの □に かきましょう。

70 + 10　74 + 2　41 + 8　10 + 90
30 + 60　72 + 5　43 + 5　98 + 1
① **90**　② **77**　③ **49**　④ **100**

おおきい かす（14）
かんたんな ２けたの たしざん②　なまえ

① 30 + 40 = **70**　② 50 + 30 = **80**
③ 10 + 20 = **30**　④ 80 + 10 = **90**
⑤ 20 + 30 = **50**　⑥ 60 + 40 = **100**
⑦ 90 + 8 = **98**　⑧ 20 + 5 = **25**
⑨ 60 + 4 = **64**　⑩ 80 + 7 = **87**
⑪ 30 + 6 = **36**　⑫ 10 + 9 = **19**
⑬ 74 + 2 = **76**　⑭ 22 + 5 = **27**
⑮ 41 + 7 = **48**　⑯ 93 + 2 = **95**
⑰ 36 + 3 = **39**　⑱ 65 + 1 = **66**

40 + 40　82 + 7　33 + 4　54 + 2
20 + 70　81 + 6　31 + 8　53 + 4
① **90**　② **89**　③ **39**　④ **57**

P.91

おおきい かす（15）
かんたんな ２けたの ひきざん①　なまえ

① 80 − 50 = **30**　② 50 − 20 = **30**
③ 90 − 30 = **60**　④ 30 − 10 = **20**
⑤ 40 − 20 = **20**　⑥ 100 − 10 = **90**
⑦ 55 − 5 = **50**　⑧ 77 − 7 = **70**
⑨ 44 − 4 = **40**　⑩ 99 − 9 = **90**
⑪ 66 − 6 = **60**　⑫ 22 − 2 = **20**
⑬ 38 − 4 = **34**　⑭ 83 − 2 = **81**
⑮ 94 − 1 = **93**　⑯ 56 − 3 = **53**
⑰ 69 − 6 = **63**　⑱ 47 − 5 = **42**

めいろは、こたえの おおきい ほうを とおりましょう。とおった こたえを したの □に かきましょう。

90 − 50　76 − 4　48 − 6　87 − 3
100 − 70　79 − 6　50 − 10　89 − 4
① **40**　② **73**　③ **42**　④ **85**

おおきい かす（16）
かんたんな ２けたの ひきざん②　なまえ

① 50 − 30 = **20**　② 60 − 20 = **40**
③ 90 − 10 = **80**　④ 70 − 40 = **30**
⑤ 80 − 20 = **60**　⑥ 100 − 30 = **70**
⑦ 88 − 8 = **80**　⑧ 33 − 3 = **30**
⑨ 55 − 5 = **50**　⑩ 66 − 6 = **60**
⑪ 99 − 9 = **90**　⑫ 77 − 7 = **70**
⑬ 48 − 7 = **41**　⑭ 35 − 4 = **31**
⑮ 89 − 6 = **83**　⑯ 64 − 3 = **61**
⑰ 57 − 5 = **52**　⑱ 26 − 2 = **24**

72 − 1　55 − 3　95 − 4　69 − 8
90 − 20　58 − 5　99 − 9　70 − 10
① **71**　② **53**　③ **91**　④ **61**

P.92

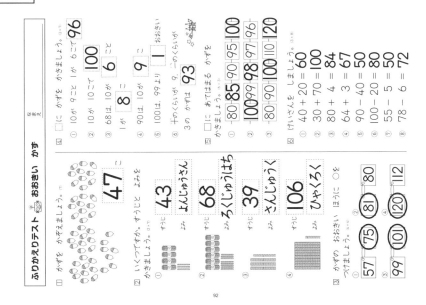

ふりかえりテスト　おおきい かず

P.93

どちらが ひろい（1）　なまえ

● ひろい じゅんに ばんごうを かきましょう。

① （ **2** ）（ **3** ）（ **1** ）

② （ **3** ）（ **2** ）（ **1** ）

（ **1** ）（ **2** ）（ **4** ）（ **3** ）

どちらが ひろい（2）　なまえ

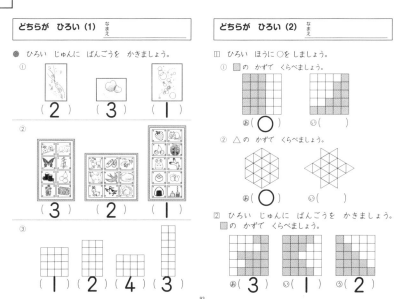

① ひろい ほうに ○を しましょう。
① ■の かずで くらべましょう。
　あ（ ○ ）　い（ 　 ）
② △の かずで くらべましょう。
　あ（ ○ ）　い（ 　 ）

② ひろい じゅんに ばんごうを かきましょう。
　■の かずで くらべましょう。
　あ（ **3** ）　い（ **1** ）　③（ **2** ）

125

P.94

なんじなんぷん (1)　なまえ

● とけいを よみましょう。

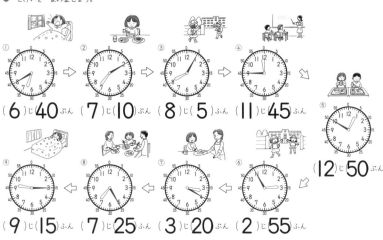

① （ 6 ）じ（ 40 ）ぷん　② （ 7 ）じ（ 10 ）ぷん　③ （ 8 ）じ（ 5 ）ふん　④ （ 11 ）じ（ 45 ）ふん

⑤ （ 12 ）じ（ 50 ）ぷん

⑨ （ 9 ）じ（ 15 ）ぷん　⑧ （ 7 ）じ（ 25 ）ふん　⑦ （ 3 ）じ（ 20 ）ぷん　⑥ （ 2 ）じ（ 55 ）ふん

P.95

なんじなんぷん (2)　なまえ

● なんじなんぷんでしょう。

① （ 6 ）じ（ 49 ）ふん　② （ 11 ）じ（ 6 ）ぷん　③ （ 8 ）じ（ 51 ）ぷん

④ （ 5 ）じ（ 58 ）ぷん　⑤ （ 7 ）じ（ 32 ）ふん　⑥ （ 3 ）じ（ 28 ）ぷん

⑦ （ 10 ）じ（ 18 ）ぷん　⑧ （ 4 ）じ（ 22 ）ふん　⑨ （ 9 ）じ（ 3 ）ぷん

なんじなんぷん (3)　なまえ

● なんじなんぷんでしょう。

① （ 6 ）じ（ 13 ）ぷん　② （ 2 ）じ（ 57 ）ふん　③ （ 3 ）じ（ 9 ）ふん

④ （ 5 ）じ（ 27 ）ふん　⑤ （ 12 ）じ（ 36 ）ぷん　⑥ （ 1 ）じ（ 42 ）ふん

⑦ （ 10 ）じ（ 47 ）ふん　⑧ （ 9 ）じ（ 24 ）ぷん　⑨ （ 4 ）じ（ 16 ）ぷん

P.96

なんじなんぷん (4)　なまえ

● なんじなんぷんでしょう。

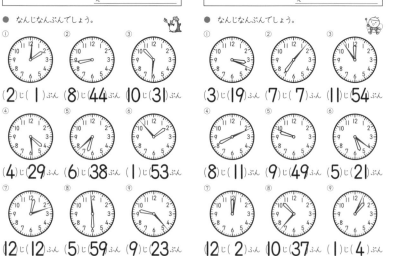

① （ 2 ）じ（ 1 ）ぷん　② （ 8 ）じ（ 44 ）ふん　③ （ 10 ）じ（ 31 ）ぷん

④ （ 4 ）じ（ 29 ）ふん　⑤ （ 6 ）じ（ 38 ）ぷん　⑥ （ 1 ）じ（ 53 ）ふん

⑦ （ 12 ）じ（ 12 ）ふん　⑧ （ 5 ）じ（ 59 ）ふん　⑨ （ 9 ）じ（ 23 ）ぷん

なんじなんぷん (5)　なまえ

● なんじなんぷんでしょう。

① （ 3 ）じ（ 19 ）ぷん　② （ 7 ）じ（ 7 ）ふん　③ （ 11 ）じ（ 54 ）ふん

④ （ 8 ）じ（ 11 ）ぷん　⑤ （ 9 ）じ（ 49 ）ふん　⑥ （ 5 ）じ（ 21 ）ぷん

⑦ （ 12 ）じ（ 2 ）ふん　⑧ （ 10 ）じ（ 37 ）ふん　⑨ （ 1 ）じ（ 4 ）ふん

P.97

どんな しきに なるかな (1)　なまえ
より おおい

● ずを かいて かんがえましょう。

① えりさんは あめを 7こ もって います。まゆさんは えりさんより 5こ おおく もって います。まゆさんは あめを なんこ もって いますか。

えり ○○○○○○○
まゆ ○○○○○○○○○○○○
7こ　5こ おおい

しき 7 + 5 = 12　こたえ 12こ

② あかい おりがみが 8まい あります。あおい おりがみは あかい おりがみより 6まい おおいです。あおい おりがみは なんまい ありますか。

しき 8 + 6 = 14　こたえ 14まい

③ いもほりで ぼくは 7こ，おにいさんは ぼくより 9こ おおく いもを ほりました。おにいさんは なんこ ほったでしょうか。

しき 7 + 9 = 16　こたえ 16こ

どんな しきに なるかな (2)　なまえ
より すくない

● ずを かいて かんがえましょう。

① はたけで トマトを 11こ とりました。ピーマンは，トマトより 6こ すくなく とりました。ピーマンは なんこ とったでしょうか。

トマト ○○○○○○○○○○○ 11こ
ピーマン ○○○○○○○○○○○
6こ すくない

しき 11 − 6 = 5　こたえ 5こ

② たまいれを しました。あかぐみは 15こ はいりました。しろぐみは あかぐみより 6こ すくなかったです。しろぐみは なんこ はいったでしょうか。

しき 15 − 6 = 9　こたえ 9こ

③ ゲームを しました。けんさんは 14てん，れいさんは けんさんより 6てん すくない てんすうでした。れいさんは なんてんだったでしょうか。

しき 14 − 6 = 8　こたえ 8てん

解答

P.98

どんな しきに なるかな (3)
なまえ
より おおい より すくない①

● ずを かいて かんがえましょう。

① とんぼを 6ぴき つかまえました。せみは とんぼより 8ぴき おおく つかまえました。せみは なんびき つかまえましたか。

しき 6 + 8 = 14

こたえ 14ひき

② かだんに あかい はなが 13ぼん さいて います。しろい はなは あかい はなより 6ぽん すくないです。しろい はなは なんぼん さいて いますか。

しき 13 − 6 = 7

こたえ 7ほん

③ わたしは 8さいです。おねえさんは わたしより 3さい としうえです。おねえさんは なんさいですか。

しき 8 + 3 = 11

こたえ 11さい

どんな しきに なるかな (4)
なまえ
より おおい より すくない②

● ずを かいて かんがえましょう。

① スプーンが 17ほん あります。フォークは スプーンより 8ぽん すくないです。フォークは なんぼん ありますか。

しき 17 − 8 = 9

こたえ 9ほん

② りょうさんは さかなを 7ひき つりました。おにいさんは りょうさんより 8ぴき おおく つりました。おにいさんは なんびき つりましたか。

しき 7 + 8 = 15

こたえ 15ひき

③ おりがみで つるを おりました。あみさんは 12こ おりました。いもうとは あみさんより 4こ すくなく おりました。いもうとは なんこ おりましたか。

しき 12 − 4 = 8

こたえ 8こ

98

P.99

どんな しきに なるかな (5)
なまえ
なんばんめ①

● ずを かいて かんがえましょう。

① こどもが 12にん ならんで います。りこさんは まえから 7ばんめです。りこさんの うしろに なんにん いますか。

しき 12 − 7 = 5

こたえ 5にん

② こどもが いちれつに ならんで います。なおさんは まえから 6ばんめです。うしろに 5にん います。ぜんぶで なんにん いますか。

しき 6 + 5 = 11

こたえ 11にん

③ いちれつに ならんで います。わたしの まえに 5にん、わたしの うしろに 7にん います。ぜんぶで なんにん いますか。

しき 5 + 1 + 7 = 13

こたえ 13にん

どんな しきに なるかな (6)
なまえ
なんばんめ②

● ずを かいて かんがえましょう。

① 15にんの こどもが いちれつに ならんで います。たいちさんは まえから 7ばんめです。たいちさんの うしろには なんにん いますか。

しき 15 − 7 = 8

こたえ 8にん

② バスていに ひとが ならんで います。みゆさんは まえから 9ばんめに います。みゆさんの うしろに 4にん います。ぜんぶで なんにん いますか。

しき 9 + 4 = 13

こたえ 13にん

③ かけっこを しました。わたしの まえに 3にん、わたしの うしろに 4にん います。ぜんぶで なんにん いますか。

しき 3 + 1 + 4 = 8

こたえ 8にん

99

P.100

どんな しきに なるかな (7)
なまえ
なんばんめ③

● ずを つかって かんがえましょう。

① いちれつに ならんで います。さやさんは まえから 3ばんめに います。さやさんの うしろに 7にん います。みんなで なんにん いますか。

しき 3 + 7 = 10

こたえ 10にん

② こどもが 13にん ならんで います。けんたさんは まえから 8ばんめに います。けんたさんの うしろには なんにん いますか。

しき 13 − 8 = 5

こたえ 5にん

③ バスていに ひとが ならんで います。りえさんの まえに 6にん います。りえさんの うしろに 5にん います。みんなで なんにん ならんで いますか。

しき 6 + 1 + 5 = 12

こたえ 12にん

どんな しきに なるかな (8)
なまえ
なんばんめ④

● ずを つかって かんがえましょう。

① ゆうえんちで ひとが ならんで います。ありささんの まえに 4にん います。ありささんの うしろに 5にん います。ぜんぶで なんにん ならんで いますか。

しき 4 + 1 + 5 = 10

こたえ 10にん

② こどもが いちれつに ならんで います。じゅんさんは まえから 9ばんめです。じゅんさんの うしろに 4にん います。こどもは みんなで なんにん いますか。

しき 9 + 4 = 13

こたえ 13にん

③ きっぷうりばで 14にん ならんで います。はるさんは まえから 8ばんめに います。はるさんの うしろには なんにん いますか。

しき 14 − 8 = 6

こたえ 6にん

100

P.101

ふりかえりテスト どんな しきに なるかな
なまえ

● ずを かいて かんがえましょう。

① はると いちれつに ならびました。れおさんは まえから 7ばんめで うしろに 4にん います。はんは ぜんぶで なんにん いますか。

しき 7 + 4 = 11

こたえ 11にん

② すいそうに かえるが 8ぴき います。かめは かえるより 7ひき おおく います。かめは なんびき いますか。

しき 8 + 7 = 15

こたえ 15ひき

③ さくらさんは 12さいです。おとうとは さくらさんより 5さい としわかです。おとうとは なんさいですか。

しき 12 − 5 = 7

こたえ 7さい

④ バスていに ひとが 13にん ならんで います。なつさんは まえから 6ばんめに います。なつさんの うしろに なんにん いますか。

しき 13 − 6 = 7

こたえ 7にん

⑤ けんさんは こうえんに 11じゅう ならびました。けんさんは まえから 3ばんめで、うしろに ゆうさん なんにんつけますか。

しき 11 − 3 = 8

こたえ 8じゅう

⑥ ふうせんを くばって います。わたしの まえに 5にん、うしろに 6にん います。ぜんぶで なんにん いますか。

しき 5 + 1 + 6 = 12

こたえ 12にん

⑦ はたけで きゅうりが 4こ とれました。なすは きゅうりより 8こ おおく とれました。なすは なんこ とれましたか。

しき 4 + 8 = 12

こたえ 12こ

101

P.102

かたちづくり (1)   なまえ

● ▲は なんこ あるかな。れいの ように せんを ひいて（ ）に かずを かきましょう。

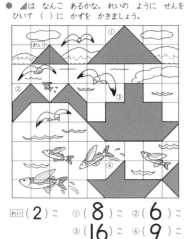

れい（ 2 ）こ　①（ 8 ）こ　②（ 6 ）こ
③（ 16 ）こ　④（ 9 ）こ

102

かたちづくり (2)   なまえ

① ・と ・を せんで つないで，いろいろな かたちを つくりましょう。

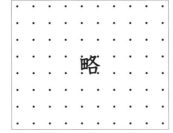

略

② したの かたちは ④の いろいたが なんまいて できますか。

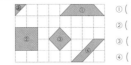

①（ 6 ）まい
②（ 8 ）まい
③（ 4 ）まい
④（ 4 ）まい

新版　教科書がっちり算数プリント
完全マスター編　1年　ふりかえりテスト付き
力がつくまでくりかえし練習できる

2020 年 9 月 1 日　　第 1 刷発行
2022 年 1 月 10 日　　第 2 刷発行

企 画・編 著：　原田 善造・あおい えむ・今井 はじめ・さくら りこ
　　　　　　　中田 こういち・なむら じゅん・ほしの ひかり・堀越 じゅん
　　　　　　　みやま りょう（他 4 名）
イ ラ ス ト：　山口 亜耶・白川 えみ 他

発 　 行 　 者：　岸本 なおこ
発 　 行 　 所：　喜楽研（わかる喜び学ぶ楽しさを創造する教育研究所）
　　　　　　　〒604-0827　京都府京都市中京区高倉通二条下ル瓦町 543-1
　　　　　　　TEL　075-213-7701　FAX　075-213-7706
　　　　　　　HP　　https://www.kirakuken.co.jp
印 　 　 　 刷：　株式会社イチダ写真製版

ISBN:978-4-86277-309-8

Printed in Japan